BIM

BIM
JIANZHU
JIANMO
JICHU

建筑建模基础

刘冬梅　等编著

化学工业出版社
·北京·

内 容 简 介

本书是项目化教材，以项目"创建某住宅楼 BIM 建筑基础模型"为主线，作为 Revit 平台知识训练的载体，以完成项目的岗位工作过程为编排顺序编制而成。本书共 10 章，其中每章根据学习规律和 BIM 建筑基础建模的特点，分为若干项目任务。项目任务成果为某住宅楼 BIM 建筑基础模型，项目任务具有训练知识、完成专业制图的作用。

全书由具有多年 AutoCAD 应用、教学经验和熟练掌握 Revit 软件平台的教师编写，内容简洁、专业性强，特别是将计算机绘图相关知识融于创建 BIM 建筑基础模型的实践中，为读者掌握运用计算机辅助设计技能创造了极好的环境和平台。

本书是高等职业教育土木建筑类专业及相关专业学生学习 BIM 建筑建模的教材，也可作为成人教育、中等职业教育土建类及相关专业的教材，还非常适合从事建筑工程等技术工作及对计算机辅助设计（绘图）感兴趣的相关人员入门自学和参考。

本书配套有相关教学或速成学习资料。主要包括教学用课程标准、进度表、教案；教学与速成学习用 ppt、视频（微视频）、试题库等。

图书在版编目（CIP）数据

BIM建筑建模基础 / 刘冬梅等编著. —北京：化学工业出版社，2021.9
ISBN 978-7-122-39490-3

Ⅰ. ①B… Ⅱ. ①刘… Ⅲ. ①模型（建筑）- 计算机辅助设计 - 应用软件 Ⅳ. ① TU205

中国版本图书馆 CIP 数据核字（2021）第 132567 号

责任编辑：王文峡　　　　　　　　　　　文字编辑：师明远
责任校对：宋　玮　　　　　　　　　　　装帧设计：韩　飞

出版发行：化学工业出版社（北京市东城区青年湖南街13号　邮政编码100011）
印　　装：三河市延风印装有限公司
787mm×1092mm　1/16　印张14½　字数338千字　2021年10月北京第1版第1次印刷

购书咨询：010-64518888　　　　　　　　售后服务：010-64518899
网　　址：http://www.cip.com.cn

定　　价：45.00元　　　　　　　　　　　　　　　　版权所有　违者必究

前言 Preface

为贯彻《2016—2020年建筑业信息化发展纲要》等一系列国家政策，提高建筑业信息化水平及信息技术集成应用能力，大力发展BIM技术。2020年末，要求甲级勘察、设计单位以及特一级施工企业应掌握并实现BIM与企业管理系统和其他信息技术的一体化集成应用。

《国家职业教育改革实施方案》启动了1+X证书制度试点工作。在此推动下，建筑信息模型（BIM）职业技能等级标准（初、中、高）已出台。本教材是对接"建筑信息模型（BIM）职业技能等级标准"的专业基础课程教材。教材内容创新、富有特色，符合专业培养目标和课程改革思路，符合现行《高等职业教育土建类专业教育标准和培养方案》。

本书根据岗位需求设计项目任务，以"创建某住宅楼BIM建筑基础模型"作为Revit知识点的载体。并按认知规律、项目任务的成果顺序作为本书的章节顺序，编排了创建BIM建筑基础模型的知识点内容。

本书在项目任务的设计方面，以涉及Revit的知识点运用较为广泛、全面、常用为原则，设计了"创建某住宅楼BIM建筑基础模型"项目任务，作为本书Revit平台知识运用的载体，并以项目任务的岗位工作过程划分项目任务为若干子任务，以此作为本书的章节顺序。以过程中子任务的成果作为本书中每个章节的成果任务要求。此外，还设计了综合项目任务书作为拓展的项目任务。真正做到"练有所获，获有所用，用有所果"，能最高限度地调动学习者的兴趣与主观能动性。

在创建BIM建筑基础模型的Revit软件平台的知识点内容编排方面，按以下方式组织内容：①操作简单、利用率高的先行，专业化、具有一定的使用条件的后行；②注重点、面结合；③随着项目任务进展，根据实践、运用规律决定详简，逐步展开。学习者在完成项目任务中反复运用Revit知识点，不断强化直至熟练掌握Revit平台的运用。真正做到"做中学、学而思、思而悟、悟中通"的学习境界，融会贯通，游刃有余，掌握运用BIM建模的实操能力。

本书结构如下表所述。

章序	项目任务	Revit 知识点	建议课时
1	了解 BIM 及其发展，了解建立 BIM 的基础软件 Autodesk Revit 界面，创建及编辑住宅楼项目的 BIM 建筑模型文件	BIM 的定义及其特点，BIM 核心建模软件，Autodesk Revit 安装、启动、卸载，项目文件的创建与编辑、项目视图种类及其基本操作	1
2	创建住宅楼项目标高、轴网	①上述 Revit 知识点 ② Autodesk Revit 标高、轴网创建及设置，标注轴网尺寸	3～5
3	创建住宅楼项目的一层 BIM 模型	①上述 Revit 知识点 ② Autodesk Revit 创建及设置墙体，幕墙添加制作，门窗载入及应用，楼面设置创建，通过轮廓族方法创建台阶和散水	8～16
4	创建住宅楼项目的二层及标准层 BIM 模型	①上述 Revit 知识点 ② Autodesk Revit 二层墙体、门窗创建，楼板设置添加，通过内建模型创建雨棚部分模型	4～6
5	创建住宅楼项目的屋顶 BIM 模型，使用内建模型进行构建制作	①上述 Revit 知识点 ② Autodesk Revit 屋顶轴网墙体添加，屋顶模型创建，内建模型创建构件	4～6
6	创建住宅楼项目的楼梯间 BIM 模型，并完成洞口制作	①上述 Revit 知识点 ② Autodesk Revit 楼梯创建，掌握楼梯命令使用方法，洞口添加制作	2～4
7	创建住宅楼项目的场地红线、场地三维模型、建筑地坪等场地构件，完成现场场地设计	①上述 Revit 知识点 ② Autodesk Revit 地形创建，场地构件添加	2～4
8	创建住宅楼项目的模型漫游动画，在三维模式中渲染模型图	①上述 Revit 知识点 ② Autodesk Revit 漫游路径添加和修改，三维模式中利用软件自带的渲染器进行渲染图制作	2～4
9	创建住宅楼项目的模型平面、立面、剖面、大样施工图	①上述 Revit 知识点 ② Autodesk Revit 出图调整原理及操作，对应视图添加图框方法	2～4
10	创建住宅楼项目的建筑图纸，将创建图纸进行编制设置，并进行图纸导出及打印	①上述 Revit 知识点 ② Autodesk Revit 图纸编辑方法，软件导出图纸及打印设置	2～4

本书由刘冬梅等编著。刘冬梅担任主编，刘灵俐、孙嘉豪担任副主编。其中南京科技职业学院刘冬梅编著第 1、2、3、4、5、6 章及附录部分，南京慧筑信息技术研究院有限公司刘灵俐编著第 7 章，镇江建工建设集团有限公司孙嘉豪编著第 8 章，南京市水务建设工程有限公司陈飞翔编著第 9 章，江苏省金坛中等专业学校杨小平编著第 10 章，南京南数数据运筹科学研究院付博参与编著第 1 章，南通职业大学王磊参与编著第 7、8 章。杨文洪参与编著第 9、10 章，全书由刘冬梅统稿。

本书出版得到兄弟院校及出版社的大力支持，在此表示衷心的感谢。

由于编写水平有限，不妥之处在所难免，恳请广大读者和同行批评指正。

编 者
2021 年 2 月

目录 Contents

| 3 |　一层 BIM 模型的创建　　㊹

| 4 |　二层及标准层 BIM 模型的创建　㉘

绪　论

【项目任务】

创建住宅楼项目 BIM（Building Information Modeling）建筑模型，如图 0-0 所示。

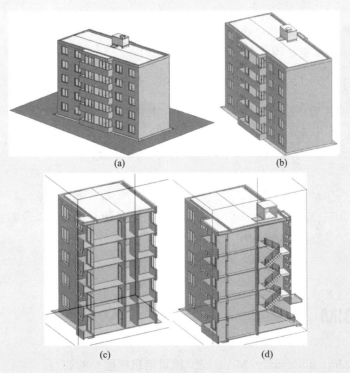

(a)　　　　　　　　　　　(b)

(c)　　　　　　　　　　　(d)

图 0-0

【专业能力】

创建简单建筑 BIM 建筑模型的能力。

【知识点】

Autodesk Revit 软件相关命令。

1 | 项目文件的创建

【项目任务】

了解 BIM 及其发展，认识建立 BIM 的基础软件 Autodesk Revit 界面，创建及编辑住宅楼项目的 BIM 建筑模型文件。

【专业能力】

创建、编辑工程项目 BIM 建筑模型文件的能力。

【知识点】

BIM 的定义及特点，BIM 核心建模软件，安装、启动、卸载 Autodesk Revit，项目文件的创建与编辑、项目视图种类及其基本操作。

【操作约定】

◆ 单击：用鼠标左键单击。　　　　◆ 右双击：用鼠标右键双击。

◆ 双击：用鼠标左键双击。　　　　◆ 滚动：用鼠标滚轮上或下滚动。

◆ 右单击：用鼠标右键单击。

1.1 认识 BIM

BIM 是 Building Information Modeling（建筑信息模型）的简写，是通过数字信息仿真模拟建筑物所具备的三维几何形状及非几何形状等真实信息，以三维数字技术为基础，集成建筑工程项目各种相关信息的工程数据模型，是对工程项目设施实体与功能特性的数字化表达。本质是通过数字信息仿真模拟建筑物所具有的真实信息。它具有可视化、协调性、模拟性、优化性和可出图等特点。

BIM 具有单一工程数据源，可解决分布式、异构式工程数据时间的一致性和全局共享问题，支持建设项目生命周期中动态工程信息的创建、管理和共享，可为设计师、建筑师、水电暖工程师、开发商及最终用户等各环节人员提供"模拟和分析",是一种应用于设计、建造、管理的数字化方法,支持建筑工程的集成管理环境,使建筑工程在整个进程中提高效率、减小风险。

BIM 具有模型信息的完备性、关联性、一致性等特征,具体如下所述。

模型信息的完备性。既是对工程对象 3D 几何信息和拓扑关系的描述,也是对完整的工程信息,诸如设计、施工、维护等信息及其工程对象之间工程逻辑关系的描述。

模型信息的关联性。信息模型中的对象是可识别且相互关联的,系统能够对模型的信息进行统计和分析,并生成相应的图形和文档。

模型信息的一致性。在建筑生命期的不同阶段模型信息是一致的,同一信息无需重复输入,而且信息模型能够自动演化,模型对象在不同阶段可以简单地进行修改和扩展而无需重新创建,避免了信息不一致的情况。

随着社会不断发展,建筑物越建越高,建筑物的功能越来越复杂,应用新材料、新技术、新工艺越来越多,建筑工程的规模越来越大。更重要的是建筑物对环保、低碳、智能化等的要求越来越高。因此附加在工程项目的信息量越来越大,如何管理好这些信息,已经成为建筑工程项目的一个巨大问题。

与工程项目有关的信息会对整个工程的项目管理乃至整个建筑物全生命周期产生重要的影响,各种原始资料、设计图纸、施工数据等与项目的生产成本及工期、使用后的运营维护都密切相关。处理好所有与工程项目相关的信息就能够提升设计质量、节省工程开支、缩短工期。

因此,在建筑全生命周期中运用 BIM 技术,快速处理与建设工程相关的各种信息,减少工程项目中的各种差错,以及由于各种原因所造成的工程损失、工程延误迫在眉睫。

1.1.1　BIM 在国内的发展历程

"甩图板"是我国工程建设行业在 20 世纪最重要的一次信息化过程。通过"甩图板",实现了工程建设行业由绘图板、丁字尺、针管笔等进行的手工绘图方式提升为现代化、高效率、高精度的计算机辅助设计(Computer Aided Design,CAD)制图方式。以 AutoCAD 为代表的计算机辅助设计工具的普及应用,以及以 PKPM、Ansys 等为代表的计算机辅助工程(Computer Aided Engineering,CAE)工具的普及,极大地提高了工程建设行业制图、修改、管理等效率,极大提升了工程建设行业的发展水平。

工程建设项目的规模越来越大、形态和功能越来越复杂,再次向以 AutoCAD 为主体的、以工程图纸为核心的设计和工程管理模式发出了挑战。随着计算机软件和硬件水平的发展,以工程数字模型为核心的全新的设计和管理模式逐步走入人们的视野,于是提出了 BIM 的概念。

随着 Autodesk(欧特克)在中国发布 Autodesk Revit5.1(Autodesk Revit Architecture 软件的前身),BIM 概念随之引入中国。此时 BIM 的全称为 Building Information Modeling,

即利用三维建筑设计工具，创建包含完整建筑工程信息的三维数字模型，并利用该数字模型由软件自动生成设计所需要的工程视图。BIM 模型用以代替 AutoCAD 完成设计所需要的平面、立面、剖面、详图大样等施工图纸，使设计师可以在设计过程中，在直观的三维空间观察设计的各个细节，尤其是异型建筑的设计，无论是表达的直观程度还是其图档的高效性、准确性，设计效率的提升都是显而易见的。

1.1.2　BIM 技术的发展趋势

BIM 技术未来的发展方向与国家建筑业发展目标基本一致。目前建筑业中大型骨干工程设计企业已经基本建立基于 BIM 技术的协同设计、三维设计等集成系统，大型骨干勘察企业也已建立三维地层信息系统。利用 BIM 技术加强建筑企业生产工艺进步和创新，全面提高建筑行业工业化、信息化水平，从而建立涵盖设计、施工全过程的信息化标准体系，加快关键信息化标准的编制，促进行业信息共享。

未来 BIM 的整体发展框架如图 1-1 所示。

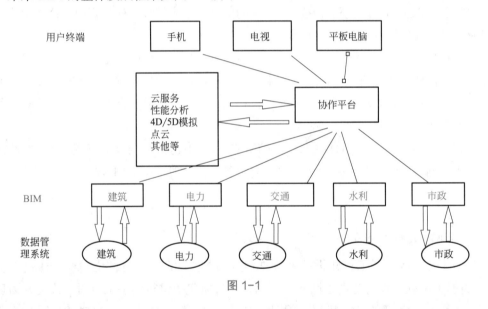

图 1-1

BIM 技术优化了建筑企业决策流程和成本控制。BIM 技术应用包括应用实施的广度和技术实施的深度两个维度。BIM5D 技术对项目的成本、周期、质量影响巨大。BIM5D 是在 3D 设计模型基础上增加施工进度（4D——Time）及成本（5D——Cost）。BIM5D 技术的四大目标是：节省 5%～15% 的建造成本；缩短 5%～15% 的项目时间；提高 20%～30% 的项目质量；降低决策风险，提高投资效益。

BIM 技术云计算已对建筑产业发展产生深远影响。BIM 技术是智能建筑及数字城市的技术支撑。基于 BIM 技术，可建立地理信息系统构件智能化（物联网）建筑及数字化城市管理系统。利用 BIM 技术进行装配式建筑设计，建立构件装配式生产体系，可达到降低建设成本、保证质量的目的。基于 BIM 技术还可完成建筑绿色节能分析、绿色建筑认证。

1.1.3　BIM 的定义及特点

从 BIM 设计过程中的资源、行为、交付三个基本维度，可知设计企业实施标准的具体方法和实践内容。BIM（建筑信息模型）不是简单地将数字信息进行集成，而是一种数字信息的应用，并可以用于设计、建造、管理的数字化方法。这种方法支持建筑工程的集成管理环境，可以使建筑工程在其整个进程中显著提高效率、减小风险。

1.1.3.1　BIM 的定义

这里引用美国国家 BIM 标准（NBIMS-US）对 BIM 的定义，具体如下。

① **BIM** 是一个设施（建设项目）物理和功能特性的数字化表达。

② **BIM** 是一个共享的知识资源，是一个分享有关这个设施的信息，是为该设施从建设到拆除的全生命周期中的所有决策提供可靠依据的过程。

③ 在项目的不同阶段，不同利益相关方通过在 **BIM** 中插入、提取、更新和修改信息，以支持和反映其各自职责的协同作业。

1.1.3.2　BIM 的特点

建立以 BIM 应用为载体的项目管理信息化模型，提升项目生产效率、提高建筑质量、缩短工期、降低建造成本。具体特点如下。

（1）三维渲染，宣传展示

三维渲染动画，给人以真实感和直接的视觉冲击。建好的 BIM 模型可以作为二次渲染开发的模型基础，大大提高了三维渲染效果的精度与效率，给业主更为直观的宣传介绍，提升中标概率。

（2）快速算量，精度提升

BIM 通过建立 5D 关联数据库，可以准确快速计算工程量，提升施工预算的精度与效率。由于 BIM 数据库的数据粒度能达到构件级，可以快速提供支撑项目各条线管理所需的数据信息，有效提升施工管理效率。

（3）精确计划，减少浪费

施工企业精细化管理很难实现的根本原因在于海量的工程数据无法被快速准确获取以支持资源计划，致使经验主义盛行。而 BIM 的出现可以让相关管理条线快速准确地获得工程基础数据，为施工企业制订精确人才计划提供有效支撑，大大减少了资源在物流和仓储环节的浪费，为实现限额领料、消耗控制提供技术支撑。

（4）多算对比，有效管控

管理的支撑是数据，项目管理的基础就是工程基础数据的管理。及时、准确地获取相关工程数据就是项目管理的核心竞争力。BIM 数据库可以实现任一时点上工程基础信息的快速获取，通过合同、计划与实际施工的消耗量、分项单价、分部合价等数据的多算对比，可以有效了解项目运营是盈是亏，消耗量有无超标，进货分包单价有无失控等问题，实现对项目成本风险的有效管控。

（5）虚拟施工，有效协同

BIM 的三维可视化功能再加上时间维度，可以进行虚拟施工，还可随时随地直观快速地将施工计划与实际进展进行对比，同时进行有效协同，施工方、监理方、甚至非工程行业出身的业主都能对工程项目的各种问题和情况了如指掌。通过 BIM 技术结合施工方案、施工模拟和现场视频监测，可大大减少建筑质量问题、安全问题，减少返工和整改。

（6）碰撞检查，减少返工

BIM 最直观的特点在于三维可视化，利用 BIM 的三维技术在设计前期可以进行碰撞检查，优化工程设计，减少在建筑施工阶段可能存在的错误造成损失和返工的可能性，而且能优化 BIM 三维和管线排布方案。施工人员可以利用碰撞优化后的三维管线方案，进行施工交底、施工模拟，提高施工质量，同时也提高了与业主沟通的能力。

（7）冲突调用，决策支持

BIM 数据库中的数据具有可计量（computable）的特点，大量工程相关的信息可以为工程提供数据后台的强大支撑。BIM 中的项目基础数据可以在各管理部门进行协同和共享，工程量信息可以根据时空维度、构件类型等进行汇总、拆分、对比分析等，保证工程基础数据及时、准确地提供，为决策者进行工程造价项目群管理、进度款管理等方面的决策提供依据。

1.1.4 BIM 技术的优势

① BIM 设计软件相对于传统二维设计软件具有明显优势，两者功能比较具体如表 1-1 所述。

表 1-1

序号	对比内容	传统二维设计软件	BIM 设计软件	对比结果
1	设计信息在整个设计过程中的传递关系	以图纸为中心，数据在工程不同阶段及不同专业间的传递会有损失和失真	以工程信息为中心，BIM 信息在工程任何阶段和各专业间传递是连续和无损失的	二维设计软件的信息在不同工程阶段及不同专业间的传递有损失；而三维 BIM 设计软件可实现信息更有效的传递
2	设计工作量、设计过程的重心变化关系	设计人员花费大量时间在制图和协调上，在关系到设计质量的方案设计、专业技术设计等核心工作的投入不足，造成后期修改工作量增加	从模型自动生成图纸，提高设计效率、质量，使设计师更关注方案比选、专业技术设计，优化、协同等核心工作，减少后期的重复设计工作量	为保证设计质量，使用二维设计软件的设计人员将大量时间花在协调和对图上，后期修改工作量大；而三维 BIM 设计软件设计工作量前移，重点在方案比选和技术优化，一旦模型关联关系建立，修改便利

序号	对比内容	传统二维设计软件	BIM 设计软件	对比结果
3	计算与绘图的融合修改关系	计算与绘图脱节，图形与计算结果不能双向更新	计算与绘图融合，图形与计算保持时时关联、自动更新，同时支持人工干预和调整	二维设计软件的专业计算基本与绘图脱节；而三维 BIM 设计软件将计算与绘图融合，做到一处修改，处处更新
4	二维图块与真实产品数据库的关系	机电专业的 CAD 图仅表达外形，设备数据信息少	BIM 机电设备构件外形与真实产品的完整数据信息兼具，并支持用户编辑和扩充，并可运行工况的模拟	二维设计软件 CAD 图仅表达外形，相关数据缺失；而三维 BIM 设计软件可提供"数行合一"的构件库
5	设备数据与工作状态模拟的关系	由于设计图无数据信息，所以无法进行工作状态模拟	由于设备构件带有完整的数据信息，因此可进行校核计算，必要时能重新进行管径选择和设备选型；同时可进行工作状态模拟	二维设计软件无法进行设备工作状态模拟；而三维 BIM 设计软件通过内含的设备构件信息，可准确模拟设备的工作状态
6	平面、立面及剖面的对应关系	平面、立面及剖面之间互相割裂，导致视图的创建和修改工作量巨大，不能进行关联修改	由模型自动生成所有视图，并相互关联。可根据设计需要，任意创建多点剖面，提高设计质量和效率	二维设计软件平面、立面和剖面的相互对应是一个难题；而 BIM 设计软件可以实现模型和视图之间自动关联和更新
7	机电管线碰撞检测与综合的关系	—	—	二维设计软件的机电管线难以实现碰撞检测；而 BIM 设计软件通过机电管线综合与碰撞检测，可实现高效、高质量的协同设计
8	机电管线与建筑结构的配合关系	机电与建筑结构专业之间通过人工方式进行专业配合，很难避免设计中的冲突和碰撞问题，一些问题在施工阶段才暴露	BIM 设计软件的自动碰撞检测、实时和阶段协同设计功能，将各种冲突和碰撞问题消灭在设计阶段，并实现了空间的高效利用	二维设计软件的设计很容易产生碰撞，并浪费建筑有效空间；而 BIM 设计软件通过专业协同设计，减少碰撞，实现建筑空间的有效利用
9	机电管线预留洞与土建预留洞的配合关系	土建的预留洞数量繁多，尺寸和位置多样，易造成错误和遗漏	BIM 设计软件提供了预留洞的功能，土建专业可根据机电专业的碰撞和管线综合结果，实现预留洞的自动创建、更新和专业预留洞位置关系检查	二维设计软件的机电管道与土建预留洞经常冲突和不一致；而 BIM 设计软件通过专门的预留洞功能，能实现实时的预留洞协同设计
10	设计信息与图形的融合关系	所有图形都是由 CAD "点、线、面"组成，通过几何信息和图层、扩展信息叠加而成，故信息容易丢失	模型中的专业图元是构件实体在软件中的虚拟表现，含有大量的专业信息，故信息不易丢失	二维设计软件的 CAD 图是"点、线、面"组合和叠加，信息易丢失；而三维 BIM 设计软件是实体在软件中的虚拟模型，信息完整
11	一维、二维、三维的信息融合	一维图（原理图、系统图）必须手工绘制，与已绘制的二维图（平面、立面、剖面）没有任何联系	BIM 技术使一维、二维、三维（模型）及信息完整融合成为可能	二维设计软件绘制一维图和二维图没有任何联系；而 BIM 设计软件使一维、二维、三维（模型）及信息完全融合成为可能

续表

序号	对比内容	传统二维设计软件	BIM 设计软件	对比结果
12	工程量及材料数量统计的准确性关系	人工方式无法按系统、跨图纸进行工程量、材料数量统计，准确性偏低	由于三维模型包含完整的数据信息，所以可按需求进行各种工程量、材料数量统计，自动生成材料表等，统计信息准确可信	二维设计软件的工程量及材料数量的统计准确度偏低；而 BIM 设计软件的统计信息是从虚拟模型中提取的，准确可信
13	设计质量的对比关系	由于专业间配合不到位，信息与图形分离，易产生施工隐患，降低设计质量	BIM 设计软件通过专业间的实时协同设计，解决了二维设计存在的隐患，实现了精细化设计，提高了设计质量	二维设计软件受功能所限，很难在一般性层面的设计质量上有所突破；而 BIM 设计软件从协同设计上保证了设计质量，使设计结果更加可靠
14	设计信息的流动与信息传递	因各专业采用不同的技术软件，专业之间几乎没有任何设计信息的传递，只是最基础的二维图纸的配合	BIM 技术可实现模型和信息的跨平台转换和传递，最大限度地利了各专业的设计成果	二维设计软件受平台和格式所限，无法实现设计结果和信息传递；而 BIM 设计软件保证了模型和信息的传递

② BIM 技术具有显著的设计优势，主要表现在 8 个方面，具体如表 1-2 所述。

表 1-2   BIM 的设计优势

序号	设计优势	内容描述
1	三维设计	项目各部分拆分设计，便于特别复杂项目的方案设计、简单项目的质量优化
2	可视设计	室内、室外可视化设计，便于业主决策，减少返工量
3	协同设计	多个专业在同一平台上设计，实现了高效的协同设计
4	设计变更	一处修改，处处更新，计算与绘图有效融合
5	碰撞检测	通过机电专业的碰撞检测，解决机电管道碰撞问题
6	提高质量	采用阶段协同设计，减少错、漏、碰、缺，提高图纸质量
7	自动统计	可自动统计工程量并生成材料表
8	功能设计	支持整个项目绿色、节能、环保、可持续发展要求的实现

1.1.5   BIM 核心建模软件

目前市场上常用 BIM 软件有几十种，甚至上百种，大致可归类为 BIM 核心建模、BIM 方案设计、BIM 结构分析、BIM 可视化、BIM 模型综合碰撞检查、BIM 造价管理、BIM 运营等软件。其中 BIM 核心建模软件主要有四类。

（1）Autodesk 公司的 Revit 建筑、结构和机电系列

该类在民用建筑市场借助 AutoCAD 的天然优势，占有相当比例的市场份额。Autodesk 公司开发的常用 BIM 软件及其介绍详见表 1-3。

表 1-3

序号	软件名称	软件介绍
1	Revit	建筑、结构和机电专业的集成设计软件，可进行参数化建模、冲突检测、出图、报表生成、数据库支持、云端分析，支持多团队、多专业的协同设计，API 应用开发
2	Navisworks	是从设计到施工全过程的分析模拟软件，支持不同格式模型整合、碰撞检查、漫游、施工进度模拟与造价分析，API 应用开发和数据移动客户端
3	Ecotect	建筑性能分析软件，可进行热工分析、光气象分析、声分析、风环境分析等
4	Civil 3D	土木工程设计软件，用于交通运输、土地开发和水利项目等基础设施领域的设计与文档编制
5	AutoCAD Plant3D	三维工厂设计软件，专门针对加工工厂进行设计、建模和文档编制，提供等级驱动、丰富的数据标准、支持大型数据库
6	Robot Structural Analysis	结构计算分析软件，利用 Revit 的互操作性简化共享结构分析模型和分析结果，辅助钢结构和钢筋混凝土结构的设计
7	Fabrication CAMduct	管道设计加工软件，拥有众多参数库以及压力级驱动的管道组件，可高效制作并安装暖通空调系统（HVAC）建筑系统
8	AutoCAD Structural Detailing	结构详图和施工装配图设计软件，用于绘制结构草图、钢结构、钢筋混凝土结构以及装配施工图
9	QTO	工程量统计软件，整合多方设计信息，基于 BIM 模型进行工程量统计与造价分析
10	Autodesk BIM 360	云端 BIM 应用解决方案，有基于云端的文件管理、3D 模型浏览功能，有云端协同以及云计算能力
11	Vault Professional	数据管理与协同软件，用于 BIM 工作流程的文档管理、数据管理、权限管理、流程管理、版本与操作记录管理
12	BIM 360 Glue	云端模型整合平台，支持网页及移动客户端模型显示与漫游，可实现碰撞检测、施工配合和跨地区项目协同等功能
13	Autodesk Infra Works	城市规划概念设计软件，创建面向土木工程、交通运输和基础设施的三维模型，可基于地理信息系统（GIS）进行总图、城市规划设计与成果展示，支持云端及移动客户端模型展示与故事场景模拟

（2）Bentley 建筑、结构和设备系列

Bentley 产品在工厂设计（石油、化工、电力、医药等）和基础设施（道路、桥梁、市

政、水利等）领域有无可争辩的优势。

（3）Nemetschek 旗下 Graphisoft 公司的 ArchiCAD 以及 AllPLAN、VectorWorks 产品

Nemetschek 旗下 Graphisoft 公司开发的 ArchiCAD 是一个最早的、具有一定市场影响力的产品，但是在中国由于其仅限于建筑专业，与多专业一体的设计院体制不匹配，很难实现市场占有率的大突破。Nemetschek 的另外两个产品——AllPLAN 主要市场在德语区，VectorWorks 则多在欧美。

（4）Dassault 公司的 CATIA 及 Gery Technology 公司在 CATIA 基础上开发的 Digital Project 产品

CATIA 及 Digital Project 产品在航空、航天、汽车等领域具有垄断地位，是全球最高端的机械设计制造软件，应用到工程建设行业无论是对复杂形体还是超大规模建筑，其建模能力、表现能力和信息管理能力都比传统的建筑类软件有明显优势，但与工程建设行业存在对接问题是其不足之处。

综上所述，在充分顾及项目业主和项目组关联成员的相关要求情况下，对 BIM 建模软件的选用有如下建议。

① 民用建筑设计，适合使用 Autodesk Revit。

② 工厂设计（石油、化工、电力、医药等）和基础设施领域适合使用 Bentley。

③ 建筑师事务所可选择 ArchiCAD Revit 或 Bentley。

④ 所设计项目异型且预算比较充裕的，可选用 CATIA 或 Digital Project。

1.2　Revit 软件的安装与卸载

1.2.1　安装 Revit 软件的硬件配置要求

Revit 作为三维建模软件对计算机配置有一定要求。为了使 Revit 软件的优越性得到充分发挥，建议用户采用如下计算机配置。

① i7 处理器或同级别处理器。

② 内存 8G。

③ 计算机系统盘剩余空间 60G 以上。

④ 计算机操作系统为 Windows7 及以上。

1.2.2　安装与卸载 Revit 软件

Revit 软件是 Autodesk 公司的子产品之一，通过访问 Autodesk 官方网站"www.Autodesk.com.cn"，可下载 Revit 软件安装包，将软件安装在本地计算机即可进行使用。

本节用 Revit 2018 介绍软件安装及卸载方法，其余版本安装包操作方法与此类似。

1.2.2.1　安装 Revit 软件

（1）解压 Revit 2018

Autodesk 官方网站下载完成后的 Revit 软件安装包由于文件大小限制，将安装包分为若干压缩文件，如图 1-2（a）所示。

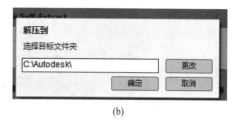

🔻 Revit_2018_G1_Win_64bit_dlm_001_003.sfx.exe
🔻 Revit_2018_G1_Win_64bit_dlm_002_003.sfx.exe
🔻 Revit_2018_G1_Win_64bit_dlm_003_003.sfx.exe

（a）　　　　　　　　　　　　　　　　　（b）

图 1-2

在使用时双击任意一个文件即可解压，如图 1-2（b）所示，软件默认解压路径为"C:\Autodesk\"，选择默认路径解压，点击"确定"。解压完成后如图 1-3 所示。

注：此处解压路径可自行调整为计算机其他硬盘内。

名称	日期	类型	大小
3rdParty	2020/11/17 11:24	文件夹	
Content	2020/11/17 11:25	文件夹	
cs-CZ	2020/11/17 11:25	文件夹	
de-DE	2020/11/17 11:25	文件夹	
en-GB	2020/11/17 11:25	文件夹	
en-US	2020/11/17 11:25	文件夹	
es-ES	2020/11/17 11:25	文件夹	
EULA	2020/11/17 11:25	文件夹	
fr-FR	2020/11/17 11:25	文件夹	
it-IT	2020/11/17 11:25	文件夹	
ja-JP	2020/11/17 11:25	文件夹	
ko-KR	2020/11/17 11:25	文件夹	
NLSDL	2020/11/17 11:25	文件夹	
pl-PL	2020/11/17 11:25	文件夹	
pt-BR	2020/11/17 11:25	文件夹	
ru-RU	2020/11/17 11:25	文件夹	
Setup	2020/11/17 11:25	文件夹	
SetupRes	2020/11/17 11:25	文件夹	
Utilities	2020/11/17 11:25	文件夹	
x64	2020/11/17 11:28	文件夹	
x86	2020/11/17 11:28	文件夹	
zh-CN	2020/11/17 11:28	文件夹	
zh-TW	2020/11/17 11:28	文件夹	
autorun	2002/2/22 23:35	安装信息	1 KB
dlm	2017/3/2 1:19	配置设置	1 KB
Setup	2017/1/18 19:50	应用程序	980 KB
Setup	2017/2/24 22:33	配置设置	68 KB

图 1-3

（2）安装 Revit 2018

1）启动安装

解压 Revit 2018 完成后，将自动进入 Revit 软件安装界面，如图 1-4 所示。单击"安装"按钮，启动安装。

图 1-4

注：如果没有进入图 1-4 所示界面（或单击"退出"按钮取消本次安装），可根据图 1-2（b）所设置路径，打开软件解压完成的对应文件夹，双击"Setup"应用程序，启动安装。"Setup"应用程序如图 1-3 所示。

2）选择安装许可协议

启动安装后，弹出对话框，"国家或地区"下拉菜单选择"China"，"许可及服务协议"选择"我接受"，如图 1-5 所示。完成安装许可协议的设置后，单击"下一步"按钮，弹出"配置安装"对话框，如图 1-6 所示。进行安装配置操作。

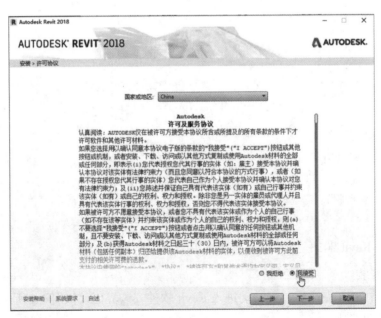

图 1-5

3) 设定安装配置

进入配置安装界面后，如图1-6所示。根据需要勾选安装配置，具体如下所述。

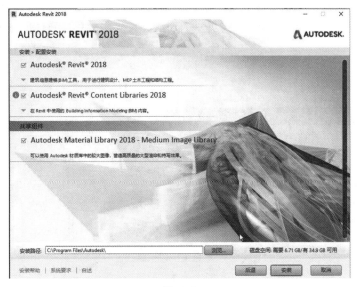

图 1-6

① 第一项："Autodesk® Revit® 2018"为必须安装的选项。

② 第二项："Autodesk® Revit® Content Libraries 2018"为 Revit 素材库（包含族库、项目样板文件、族样板文件、IES 文件等），若不勾选该选项则需在安装完软件后手动安装 Revit 素材库。

③ 第三项："Autodesk Material Library 2018 – Medium Image Library"为 Autodesk 官方材质库，必须勾选该项进行安装。

注：软件默认安装在 C 盘内，也可自行安装于其他硬盘内，修改过程中文件安装路径尽量用英文表示。

4) 自动安装

安装配置设定完成后，单击"安装"按钮，软件自动进行安装，安装过程耗时较长需耐心等待，自动安装完成后，界面显示如图1-7（a）所示。单击页面右上角"×"按钮，即可退出安装界面。此时桌面会出现如图1-7（b）所示的快捷图标。同时，"开始"菜单中"程序"子菜单 Autodesk 中也自动添加了"Revit 2018"启动命令。

(3) 查找 Revit 离线素材

1) Revit 素材库不完整因素

安装 Revit 软件过程出现以下任意一种情况都将导致安装的 Revit 素材库不完整。

① 断网或网络不稳定环境下安装 Revit 软件。

② Revit 配置安装界面中取消勾选"Autodesk® Revit® Content Libraries 2018"。

2) 查找 Revit 离线素材

安装完 Revit 软件后，应检查素材库是否安装完整，查找文件路径为文件所在路径，即

"C:/ProgramData/Autodesk/RVT 2018"（或为在安装过程中已经修改过的路径）。如图 1-8 所示，"Family Templates"为族样板文件，"IES"为 IES 聚光灯文件，"Libraries"为软件族库文件，"Lookup Tables"为查找表格文件，"Templates"为项目样板文件。如果缺少相应文件会影响软件使用，可从网络上下载相应文件拷贝进入对应文件夹内使用。具体操作如下所述。

(a)

(b)

图 1-7

如图 1-9 所示，单击 Revit 软件"文件"下拉菜单列表→单击"选项"工具→单击"文件位置"，在弹出的对话框中，可配置项目所需样板文件。

1.2.2.2 卸载 Revit 软件

Autodesk 官方对其软件基本都提供了专用的卸载工具，在安装软件的同时也会安装卸载工具，如图 1-10（a）所示。具体卸载操作如下所述。

（1）选择卸载工具

单击计算机系统"开始"菜单，弹出如图 1-10（a）所示 Autodesk 软件产品组，其中"Uninstall Tool"就是用于卸载 Autodesk 产品的工具。操作过程中若安装 Revit 软件安装方式不当或在使用过程中遇到无法解决的问题，都可以通过这个卸载工具将 Revit 进行卸载后重新安装使用。

（2）卸载 Revit 软件

如图 1-10（a）所示，点击"Uninstall Tool"，弹出"Autodesk 卸载工具"对话框，如图 1-10（b）所示。可以根据需要勾选需要卸载的软件或组件的复选框，然后单击"卸载"按钮，这样就从本地计算机上卸载了对应的软件。

名称	类型
Family Templates	文件夹
IES	文件夹
Libraries	文件夹
Lookup Tables	文件夹
Templates	文件夹

图 1-8

图 1-9

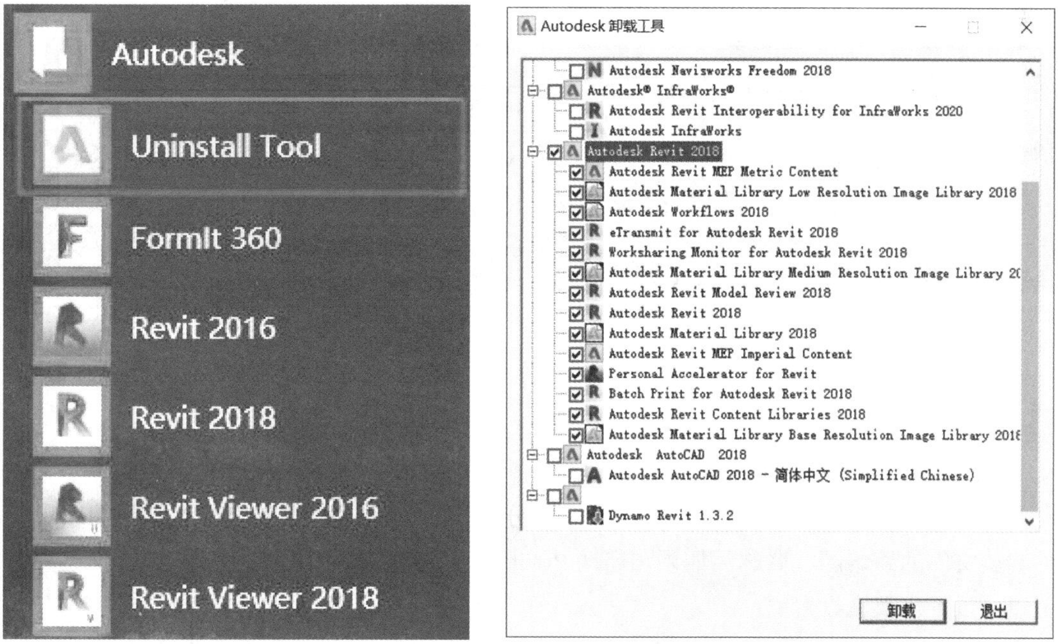

(a)   (b)

图 1-10

（3）注意事项

　　Revit 软件或 Autodesk 的其他产品，都可使用官方自带的"Uninstall Tool"卸载工具移除软件，而不要使用操作系统自带的"控制面板→程序和功能"或第三方卸载软件进行卸载，否则将导致无法完全卸载 Revit 等软件，以致后续无法再正常安装这些软件。

1.3 BIM 文件管理及界面简介

1.3.1 Revit 2018 基本操作

（1）启动 Revit

Revit 是标准的 Windows 应用程序，可以像 Windows 软件一样通过双击快捷方式或单击菜单命令方式启动主程序。启动 Revit 2018 通常有如下两种方式。

① 双击桌面上 Revit 2018 软件快捷图标"![R]"，如图 1-10（b）所示第一排图标。

② 单击"开始→ Autodesk → Revit 2018"。

启动 Revit 软件后，默认会显示"最近使用的文件"界面。如图 1-11 所示。

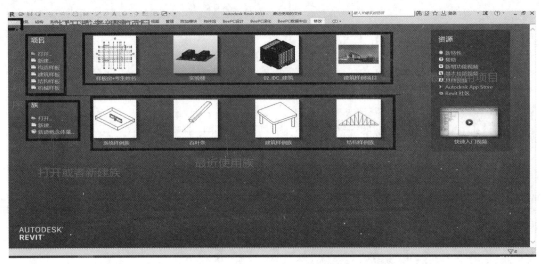

图 1-11

（2）"最近使用的文件"界面

1）修改"最近使用的文件"界面

在"最近使用的文件"界面中，Revit 会分别按时间顺序依次列出最近使用的项目文件和族文件的缩略图和名称。如果在启动 Revit 时，不希望显示"最近使用的文件"界面，可以按以下步骤来设置。

① 单击左上角"应用程序→文件"按钮，在菜单中选择位于右下角的"选项"按钮，弹出"选项"对话框，选择"用户界面"选项卡，如图 1-12 所示。

② 取消勾选"启动时启用'最近使用的文件'页面"复选框，设置完成后单击"确定"按钮，退出"选项"对话框。

③ 单击"应用程序→文件"按钮，在菜单中选择"退出 Revit"，关闭 Revit，重新启动 Revit，此时将不再显示"最近使用的文件"界面，仅显示空白界面。

④ 用相同的方法，勾选"选项"对话框中"启动时启用'最近使用的文件'页面"复选框并单击"确定"按钮，将重新启用"最近使用的文件"界面。

图 1-12

2）"最近使用的文件"界面简介

Revit 主要包含项目和族两大区域，分别用于打开或新建项目以及打开或新建族。

①"项目"区域。在 Revit 中，已整合了包含建筑、结构、机电各专业的功能，因此，在"项目"区域中（图 1-11 中打开或者新建项目区域），提供了建筑、结构、机械、构造等项目创建的快捷方式。单击不同类型的项目快捷方式，将采用各项目默认的项目样板进入新项目创建模式。

项目样板是 Revit 工作的基础。在项目样板中预设了新建项目所有默认设置，包括长度单位、轴网标高样式、墙体类型等。项目样板仅为项目提供默认预设工作环境，在项目创建过程中，Revit 允许用户在项目中自定义这些默认设置。

如图 1-11 所示的"最近使用的文件"界面中，单击左上角"应用程序→文件"→选择"选项"按钮，在弹出的"选项"对话框中，切换至"文件位置"选项，可以查看 Revit 中各类项目所采用的样板设置。如图 1-13 所示。在该对话框中，还允许用户添加新的样板快捷方式，浏览指定采用的项目样板。

②族区域。族是 Revit 项目的基础。族根据参数（属性）集是否共用、使用上是否相同和图形表示是否相似来对图元进行分组。一个族中不同图元的部分或全部属性可能有不同的值，但是属性的设置（其名称与含义）是相同的。在新建任意项目中，项目浏览器下都可通过族选项查看项目中可的用族文件。

图 1-13

在 Revit 中，族分为以下三种：

a. 可载入族。使用族样板在项目外创建的 RFA 文件，可以载入到项目中，具有属性可自定义的特征，因此可载入族是用户最经常创建和修改的族，用户可以确定族的属性设置和族的图形化表示方法。在 Revit 中，门、窗、结构柱、卫浴装置等均是可载入族。

b. 系统族。系统族不能作为单个文件载入或创建，属于已经在项目中预定义并只能在项目中进行创建和修改的族类型。它们不能作为外部文件载入或创建，但可以在项目和样板之间复制、粘贴或传递族类型。Revit 预定义了系统族的属性设置及图形表示。系统族包括墙、天花板、屋顶、楼板、尺寸标注等。

c. 内建族。在当前项目中新建的族，它与之前介绍的可载入族的不同在于内建族只能存储在当前的项目文件里，不能单独存储成 RFA 文件，也不能用在别的项目文件中。内建族用于定义在项目的上下文中创建的自定义图元。如果项目需要不想重复使用的特殊几何图形，或需要必须与其他项目几何图形保持一种或多种关系的几何图形，则要创建内建图元。

1.3.2　住宅楼项目 BIM 文件管理

Autodesk Revit 所使用的项目格式及其保存后缀有项目（后缀为 **.Rvt**）、项目样板（后缀为 **.Rte**）、族（后缀为 **.Rfa**）、族样板（后缀为 **.Rft**）等。绘制一个项目前，需要选定特定的项目样板；建立一个族文件时，需要选定特定的族样板。

某住宅楼项目在 BIM 建筑建模前，需要建立项目样板文件。设置项目样板可通过如下方式。

① 按"Ctrl+N"。

② 单击"🅡"（或应用程序→文件）→"新建"→📑（项目）。

③ 在"最近使用的文件"界面中的"项目区域"，单击"🗋 新建..."。

此时弹出"新建项目"对话框，如图 1-14（a）所示设置，选择"确定"按钮，弹出"Revit"工作界面。选择"快速访问栏"中的"💾 保存"按钮，弹出"另存为"对话框，如图 1-14（b）所示，确定文件名（住宅楼项目），确定文件保存位置（可事先新建"住宅楼 BIM"文件夹），选择"保存"按钮，回到"Revit"工作界面，如图 1-15 所示。

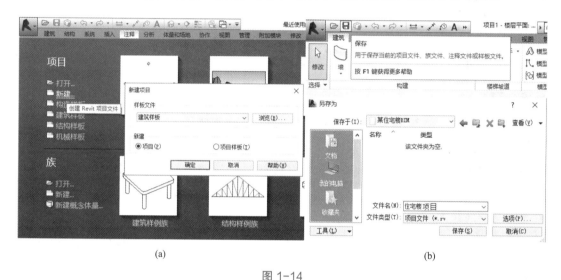

(a)　　　　　　　　　　　　　　　　　　(b)

图 1-14

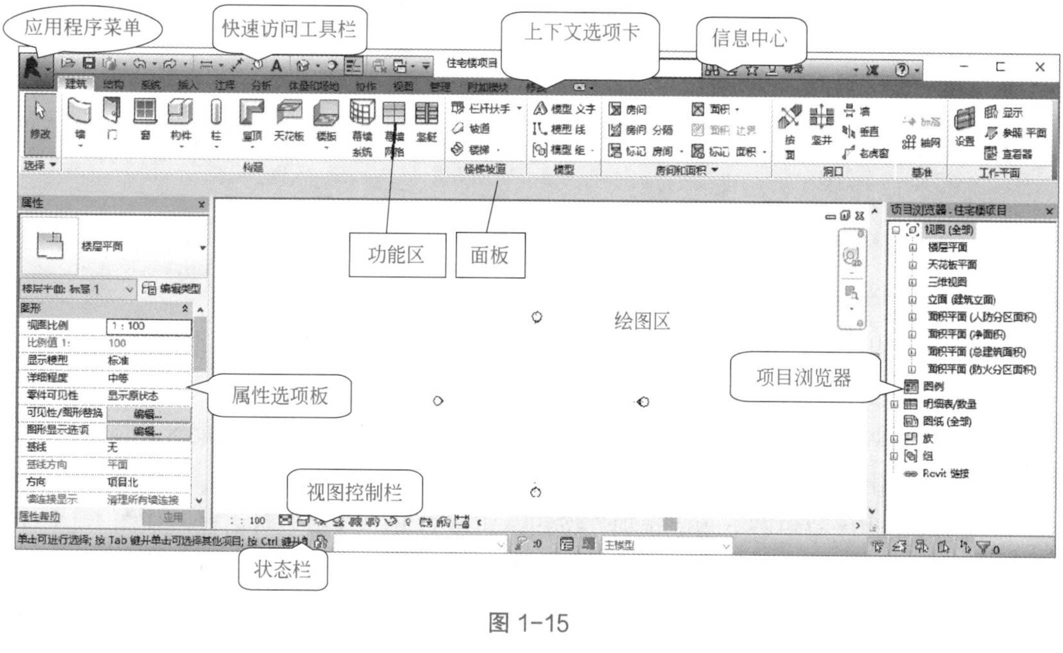

图 1-15

1.3.3 Autodesk Revit 工作界面

Revit 采用 Ribbon 界面，如图 1-15 所示，主要包括应用程序菜单、功能区、快速访问工具栏、上下文选项卡、信息中心、面板（选项栏）、属性选项板、项目浏览器、视图控制栏、状态栏、绘图区、提示等区域。具体如下所述。

（1）应用程序菜单

单击应用程序"![图标]"图标（或单击"文件"命令）弹出常用的文件操作选项，例如"新建""打开"和"保存"。用户还可使用更高级（如"导出"和"发布"）的工具管理文件，如图 1-16（a）所示。

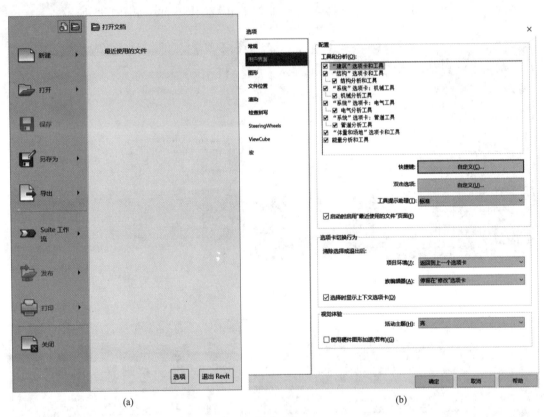

图 1-16

（2）功能区

创建或打开文件时，功能区会显示。它提供创建项目或族所需的全部工具，主要由选项卡、工具面板和工具组成。Revit 提供了 3 种不同的功能区面板显示状态。单击选项卡右侧的功能区状态切换三角形符号，可以将功能区视图在显示完整的功能区、最小化到面板平铺、最小化至选项卡 3 种状态间循环切换。

单击应用程序菜单右下角"选项"按钮，可以打开"选项"对话框，如图 1-16（b）所示。在"用户界面"选项中，用户可以根据自己的工作需要自定义出现在功能区域的选项卡命令，并自定义快捷键。

（3）快速访问工具栏

快速访问工具栏包含一组默认工具。用户可以对该工具栏进行自定义，使其显示最常用工具。单击快速访问工具栏右侧的向下箭头将弹出下拉工具，用户若要向快速访问工具栏中添加功能区的按钮，可在功能区中单击鼠标右键，然后单击"添加到快速访问工具栏"，在快速访问工具栏上单击"自定义快速访问工具栏"下拉菜单"在功能区下方显示"。

（4）上下文选项卡

上下文选项卡提供与选定对象或当前动作相关的工具，激活某些工具或者选择图元时，会自动增加并切换到一个"上下文功能区选项卡"。

（5）信息中心

信息中心包括一个位于标题栏右侧的工具集，用户可以访问许多与产品相关的信息源。

（6）面板（选项栏）

面板（选项栏）位于功能区下方，可根据当前工具或选定的图元显示条件工具。

（7）属性选项板

属性选项板是一个无模式对话框，通过该对话框，可以查看和修改用来定义图元属性的参数。在任何情况下，按键盘快捷键"Ctrl+1"，均可打开或关闭属性选项板。"属性"选项板可以查看和修改用来定义 Revit 中图元实例属性的参数。

（8）项目浏览器

项目浏览器用于显示当前项目中所有视图、明细表、图纸、组和其他部分的逻辑层次。展开和折叠各分支时，将显示下一层项目。

（9）视图控制栏

视图控制栏位于 Revit 窗口底部的状态栏上方。通过视图控制栏，可以快速访问影响当前视图的功能，主要功能介绍如下。

① 比例。视图比例用于控制模型尺寸与当前视图显示之间的关系。

② 详细程度。Revit 提供了三种视图详细程度：粗略、中等、精细。

③ 视觉样式。单击可选择"线框""隐藏线""着色""一致的颜色""真实""光线追踪"6 种模式。显示效果逐渐增强，其所需要系统配置也越来越高。

④ 打开 / 关闭日光路径：增强模型的表现力，在日光路径选项中，还可以对日光进行详细设置。

⑤ 打开 / 关闭阴影：增强模型的表现力。

⑥ 显示 / 隐藏渲染对话框：仅三维视图才可使用。

⑦ 裁剪视图 / 不裁剪视图：裁剪后，裁剪框外的图元不显示。

⑧ 显示 / 隐藏裁剪区域。

⑨ 解锁 / 锁定三维视图：仅三维视图才可使用。

⑩ 临时隐藏 / 隔离：临时隐藏图元是指当关闭项目后，重新打开项目时被隐藏的图元将恢复显示。视图中临时隐藏或隔离图元后，视图周边将显示蓝色边框。

⑪ 显示 / 关闭"隐藏的图元"：临时视图属性。

⑫ 分析模型的可见性：高亮显示位移集、显示约束。

（10）状态栏

状态栏提供有关要执行操作的提示。高亮显示图元或构件时，会显示族和类型的名称。

（11）绘图区

绘图区显示当前项目的视图（以及图纸和明细表）。每次打开项目中的某一视图时，此视图会显示在绘图区域中其他打开视图的上面。默认情况下，绘图区域的背景颜色为白色。在"应用程序菜单"的"选项"对话框，可以根据需要来设置绘图区域背景颜色。

（12）提示

常见的有工具提示和按钮提示，具体如下：

① 工具提示。将光标停留在某个工具之上时，默认情况下，Revit 会显示工具提示。如图 1-17（a）中对"保存"工具的提示、图 1-17（b）中对"门"工具的提示。工具提示提供有关用户界面中某个工具或绘图区域中某个项目的信息，或者在工具使用过程中提供下一步操作的说明。

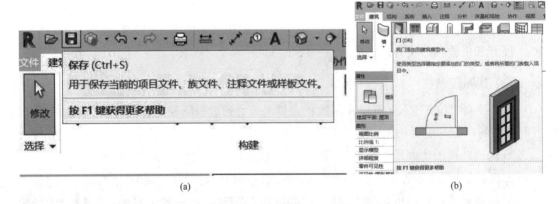

(a)   (b)

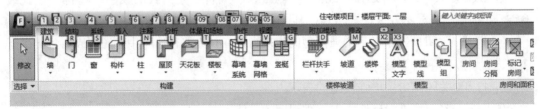

(c)

图 1-17

② 按键提示。提供了一种通过键盘来访问应用程序菜单、快速访问工具栏和功能区的方式。如在 Revit 界面中，用户按下键盘"ALT"键，此时会在 Revit 界面上显示出快捷键提示，如图 1-17（c）所示。用户可以按下显示出的快捷键"F"来开启菜单栏或其他键来开启某个选项卡。

1.3.4 视图

1.3.4.1 项目视图种类

Revit 视图有很多种形式，不同视图类型都有其不同用途，视图不同于 CAD 绘制的图纸，它是 Revit 项目中 BIM 模型根据不同的规则显示的投影。

同一项目可以有任意多个视图。如图 1-18 所示，Revit 在"视图"选项卡"创建"面板中提供了创建各种视图的工具，也可以在项目浏览器中根据需要创建不同视图类型。

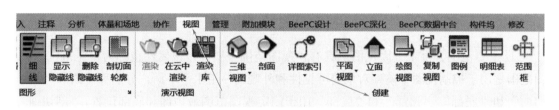

图 1-18

常用的视图有平面视图、立面视图、剖面视图、详图索引视图、三维视图、图例视图、明细表视图等。具体如下所述。

（1）楼层平面视图及天花板视图

1）视图的形成

楼层（结构）平面视图及天花板视图是沿项目水平方向，按指定的标高偏移位置剖切项目生成的视图。大多数项目至少包含一个楼层（结构）平面。楼层（结构）平面视图在创建项目标高时默认可以自动创建对应的楼层（结构）平面视图（建筑样板创建的是楼层平面，结构样板创建的是结构平面）。在立面中，已创建的楼层平面视图的标高标头显示为蓝色，无平面关联的标高标头是黑色。除使用项目浏览器外，在立面中可以通过双击蓝色标高标头进入对应的楼层平面视图。通过"视图"选项卡"创建"面板中的"平面视图"工具可以手动创建楼层平面视图。

2）楼层视图范围的编辑

在楼层平面视图中，当不选择任何图元时，"属性"面板将显示当前视图的属性。在"属性"面板中单击"视图范围"后的"编辑…"按钮［如图 1-19（a）所示］，将打开"视图范围"对话框，如图 1-19（b）所示。在该对话框中，可以定义视图的剖切位置。该对话框中含有的主要功能如下所述。

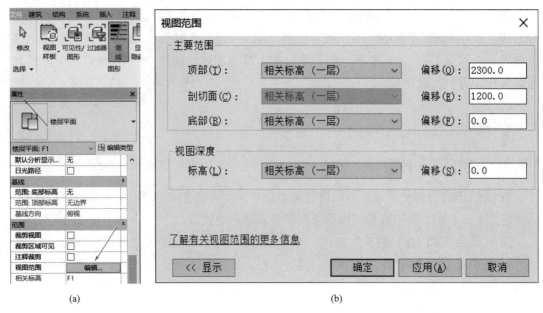

图 1-19

① 主要范围。每个平面视图都具有"视图范围"属性，该属性也称为可见范围。视图范围是用于控制视图中模型对象的可见性和外观的一组水平平面，分别称"顶部""剖切面"和"底部"。"顶部"和"底部"用于制定视图范围最顶部和底部位置，"剖切面"是确定剖切高度的平面，这 3 个平面用于定义视图范围的"主要范围"。

② 视图深度。"视图深度"是视图范围外的附加平面，可以设置视图深度的标高，以显示位于底裁剪平面之下的图元，默认情况下该标高与底部重合。"主要范围"的底部不能超过"视图深度"设置的范围。

③ 视图范围内图元样式设置。Revit 对于视图主要范围和附加视图深度范围内的图元采用不同的显示方式，以满足不同用途视图的表达要求。

视图主要范围内可见但未被视图剖切面剖切的图元，将以投影的方式显示在视图中。可以通过单击"视图"选项卡"图形"面板中""工具，如图 1-19（a）所示，打开"可见性 / 图形替换"对话框，如图 1-20 所示，在"可见性 / 图形替换"对话框"模型类别"选项卡中，通过设置"投影 / 表面"类别中线、填充图案等，可控制各类图元在视图中的投影显示样式。

"主要视图范围"内可见且被视图剖切面剖切的图元，如果该图元类别允许被剖切（例如墙、门窗等图元），图元将以截面的方式显示在视图中。可以通过"可见性 / 图形"工具，打开"可见性 / 图形替换"对话框，在该对话框"模型"选项卡中通过设置"截面"类别内的线、填充图案等，控制各类别图元在视图中的截面显示样式。

注：在 Revit 中卫浴装置、机械设备类别的图元，如马桶、消防水泵、消防水箱等，由于该图元类别被定义为不可被剖切，因此，即使这类图元被视图剖切面剖切，Revit 仍然以投影的方式显示该图元。

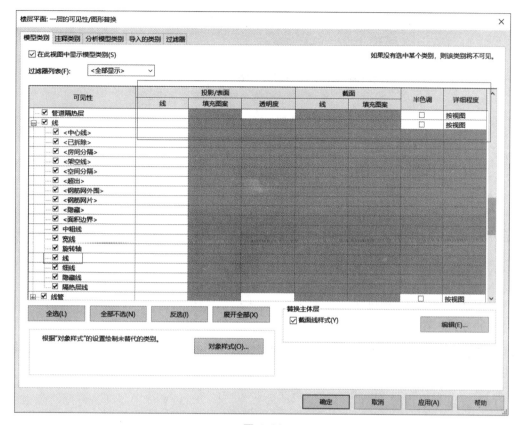

图 1-20

"深度范围"可将"视图深度"中的图元投影显示在当前视图中，并以＜超出＞线样式绘制位于"深度范围"内图元的投影轮廓。可以在"可见性/图形替换"对话框"模型类别"选项卡中，选择"线"类别，并在该子类别中找到查看＜超出＞线样式，注意，该子类别在"可见性/图形替换"对话框中不可编辑和修改。在"管理"选项卡"设置"面板"其它设置"下拉列表中，单击"线样式"，可以在打开的"线样式"对话框中，对其＜超出＞线样式进行详细设置。

3）天花板视图范围的编辑

天花板视图与楼层平面视图类似，同样沿水平方向指定标高位置对模型进行剖切生成投影，但天花板视图与楼层平面视图观察的方向相反，天花板视图为从剖切面的位置向上查看模型进行投影显示，而楼层平面视图为从剖切面位置向下查看模型进行投影显示。如图 1-21 为天花板平面的视图范围定义。

（2）立面视图

立面视图是项目模型在立面方向上的投影视图。在 Revit 中，默认每个项目将包含东、西、南、北 4 个立面视图，并在楼层平面视图中显示立面视图符号。双击平面视图立面标记中黑色小三角，会直接进入立面视图。Revit 允许用户在楼层平面视图或天花板视图中创建任意立面视图。

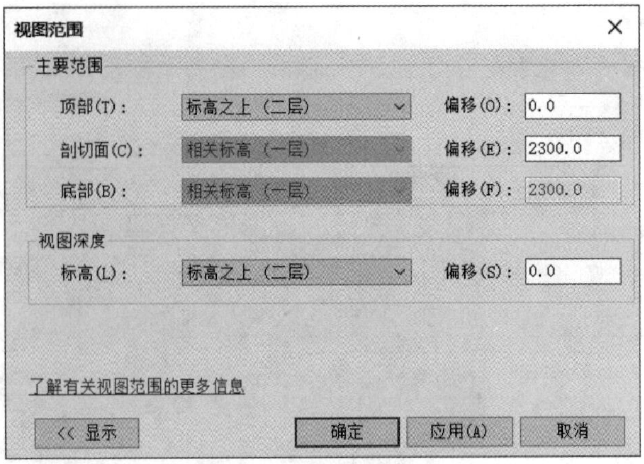

图 1-21

（3）剖面视图

剖面视图允许用户通过在平面视图、立面视图或详图视图中通过在指定位置绘制剖面符号线的方式，在该位置对模型进行剖切，并根据剖面视图的剖切和投影方向生成模型投影。剖面视图具有明确的剖切范围，单击剖面标头即将显示剖切深度范围，可以通过鼠标自由拖拽。

（4）详图索引视图

当需要对模型的局部细节进行放大显示时，可以使用详图索引视图。可向平面视图、剖面视图、详图视图或立面视图中添加详图索引，这个创建详图索引的视图，被称之为"父视图"。在详图索引范围内的模型部分，将以详图索引视图中设置的比例显示在独立的视图中。详图索引视图显示父视图中某一部分的放大版本，且所显示的内容与原模型关联。

绘制详图索引的视图是该详图索引视图的父视图。如果删除父视图，将删除该详图索引视图。

（5）三维视图

使用三维视图，可以直观查看模型的状态。Revit 中三维视图分两种：正交三维视图和透视图。在正交三维视图中，不管相机距离的远近，所有构件的大小均相同，可以点击快速访问栏"默认三维视图"图标直接进入默认三维视图，可以配合使用 Shift 键和鼠标中键根据需要灵活调整视图角度。

1.3.4.2　项目视图基本操作

可以通过鼠标、ViewCube 和视图导航来实现对 Revit 视图进行平移、缩放等操作。在平面、立面或三维视图中，通过鼠标滚动可以对视图进行缩放；按住鼠标中键并拖动，可以实现视图的平移。在默认三维视图中，按住键盘"Shift"键并按住鼠标中键拖动鼠标，可以实现对三维视图的旋转。注意，视图旋转仅对三维视图有效。

在三维视图中，Revit 还提供了 ViewCube，用以实现对三维视图的控制。ViewCube

默认位于屏幕右上方，如图 1-22（a）所示。通过单击 ViewCube 的面、顶点或边，可以在模型的各立面、等轴侧视图间进行切换。鼠标左键按住并拖拽 ViewCube 下方的圆环指南针，还可以修改三维视图的方向为任意方向，其作用与按住键盘"Shift"键和鼠标中键并拖拽的效果类似。

为更加灵活地进行视图缩放控制，Revit 提供了"导航栏"工具，如图 1-22（b）所示。默认情况下，导航栏位于视图右侧 ViewCube 下方。在任意视图中，都可通过导航栏对视图进行控制。

导航栏主要提供两类工具：视图平移查看工具和视图缩放工具。单击导航栏中上方第一个圆盘图标，将进入全导航控制盘控制模式，如图 1-22（c）所示，导航控制盘将跟随鼠标指针的移动而移动。全导航盘中提供缩放、平移、动态观察（视图旋转）等命令，移动鼠标指针全导航盘中的命令位置，按住鼠标左键不动即可执行相应的操作。显示或隐藏导航盘的快捷键为"Shift+W"键。

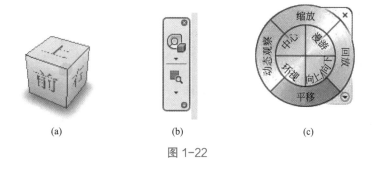

(a)　　　　　　　(b)　　　　　　　(c)

图 1-22

导航栏中提供的另外一个工具为"缩放"工具，单击缩放工具下拉列表，可以查看 Revit 提供的缩放选项。在实际操作中，最常使用的缩放工具为"区域放大"，使用该缩放命令时，Revit 允许用户绘制任意范围窗口区域，将该区域范围内的图元放大至充满视图窗口显示。任何时候使用视图控制栏缩放列表中"缩放全部以匹配"选项，都可以显示当前视图中全部图元。在 Revit 中，双击鼠标中键，也会执行该操作，用于修改窗口中的可视区域。用鼠标点击下拉箭头，勾选下拉列表中的缩放模式，就能实现缩放。

除对视图窗口进行缩放、平移、旋转外，还可以对视图窗口进行控制。前面已经介绍过，在项目浏览器中切换视图时，Revit 将创建新的视图窗口，可以对这些已打开的视图窗口进行控制。如图 1-23 所示，在"视图"选项卡"窗口"面板中提供了"切换窗口""关闭隐藏对象""平铺"等窗口操作命令。

图 1-23

使用"平铺",可以同时查看所有已打开的视图窗口,各窗口将以合适的大小并列显示。在非常多的视图中进行切换时,Revit 将打开非常多的视图,这些视图将占用大量的计算机内存资源,造成系统运行效率下降,可以使用"关闭隐藏对象"命令一次性关闭所有隐藏的视图,节省系统资源。

注意:"关闭隐藏对象"工具不能在平铺、层叠视图模式下使用,切换窗口工具用于在多个已打开的视图窗口间进行切换。窗口平铺的默认快捷键为"WT";窗口层叠的快捷键为"WC"。

1.3.5 解决图元不可见的基本方法

在 Revit 中,控制图元可见性的设置有很多种,因此图元不可见也会有各种各样的原因,这也是经常困扰用户的问题,本节主要罗列常见的图元不可见情况及介绍其解决措施, 具体如下所述。

(1)图元偏离视图中心

图元如果偏离当前视图的中心过远,将导致视图不可见,这时,可双击鼠标中键,或者点击鼠标右键,选择缩放匹配即可。

(2)图元被临时隐藏或者已在视图中隐藏

① 如果图元被临时隐藏,这时单击"状态栏"中"重设临时隐藏 / 隔离"即可,如图 1-24 所示。

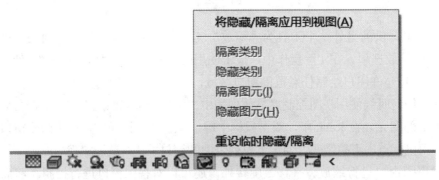

图 1-24

② 如果图元被永久隔离,则点击"小灯泡"(图 1-25),可以显示隐藏的图元。找到被隐藏的图元后,单击鼠标右键,取消在视图中隐藏。

图 1-25

(3)检查视图范围

① 检查视图是否被裁剪,如果图元位于被裁剪的区域内,图元将不可见,此种原因造成的不可见,取消勾选"裁剪视图"即可,如图 1-26(a)所示。

(a)

(b)

图 1-26

② 检查视图范围的设置，看图元是否在视图范围之内，如图 1-27 所示。当视图范围的底部标高为 0 时，少部分载入的 图纸会不可见，这时只需将"底部"和"视图深度"调整为负值即可。"规程"是控制图元所属分类的选项，默认的内容有建筑、结构、机械、卫浴，如图 1-26（b）所示。

（4）可见性设置

选择"视图"选项卡"图形"中的""命令，如图 1-28 所示，检查"模型类别"中不可见图元所属的分类是否未被勾选，如果不知该图元属于何种分类，则全部勾选。检查"注释类别"中是否全部被勾选。检查"导入的类别"中导入的图元是否被勾选。检查"过滤器"的设置，判断图元是否被过滤，如果不知如何检查，则删除所有过滤器或者把所有过滤器的可见性勾选。如果全部为灰色显示，不可更改，则将"视图样板"改为"＜无＞"即可，如图 1-29 所示。

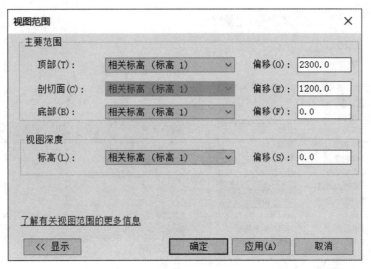

图 1-27

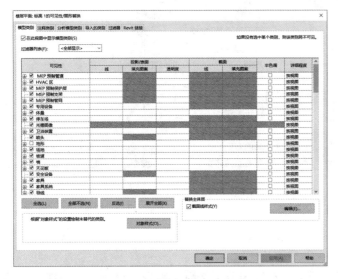

图 1-28

图 1-29

 课后作业

创建住宅楼项目文件。

 课后拓展

1．创建宿舍楼项目文件。

2．创建综合楼项目文件。

2 | 标高和轴网的创建

【项目任务】

创建住宅楼项目标高、轴网。

【专业能力】

创建工程项目标高、轴网的能力。

【知识点】

Autodesk Revit 标高、轴网创建及设置，标注轴网尺寸。

应用程序菜单：打开、保存。   属性选项板：编辑类型。

快速访问栏：对齐尺寸标注。   项目浏览器：立面图、楼层平面。

上下文选项卡：建筑、视图、注释。   视图控制栏：精细。

面板（选项栏）：基准面板、绘制面板、   绘图区：标高、轴网的创建及其编辑。

修改面板、尺寸标注面板。

2.1 标高的创建

标高用来定义楼层层高及生成平面视图。在 Revit 中，"标高"命令在立面和剖面视图中才能使用，因此在正式开始项目设计前，必须事先打开一个立面视图。具体操作步骤如下。

2.1.1 创建 F1 标高、F2 标高

（1）启动项目文件

启动项目文件可通过下述方法进行。

◆ 直接打开 "1.3.2 住宅楼项目 BIM 文件管理" 节中所建立的 "住宅楼项目 .rvt" 项目文件。

◆ 打开 Revit，将默认打开"最近使用的文件"界面。击项目区域中" 打开… "选项，在弹出的"打开"对话框中，根据"1.3.2 住宅楼项目 BIM 文件管理"节所建立的"住宅楼项目 .rvt"的存储路径，找到该项目文件，按"确定"按钮。

◆ 在 Revit "最近使用的文件"界面中的"最近使用项目区域"，单击"住宅楼项目 .rvt"文件。

（2）启动立面视图

启动项目文件"住宅楼项目 .rvt"后，默认打开 Revit 2018"标高 1"楼层平面视图，启动立面视图具体操作如下：单击"项目浏览器"中的"立面（建筑立面）"展开列表，双击"南"，如图 2-1（a）所示，视图切换至南立面视图，默认标高 1 楼层标高为 0.000、标高 2 楼层标高为 4.000，单位为 m。

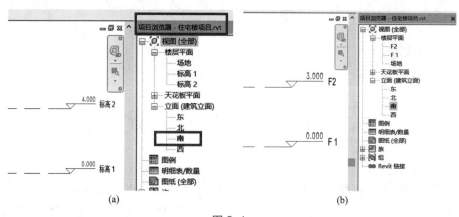

图 2-1

（3）修改默认楼层标高参数

① 修改"标高 1"楼层参数。双击"标高 1"，如图 2-2（a）→键盘输入"F1"，回车→弹出"Revit"重命名对话框，选择"是"按钮，如图 2-2（b）→修改"标高 1"为"F1"，如图 2-2（c）所示→单击（回车或选择"Esc"）结束操作。"属性"选项板中的相应参数随之修改。

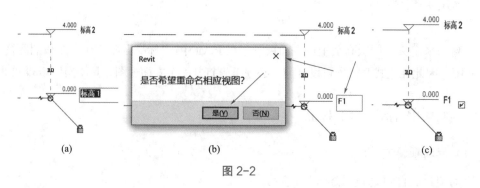

图 2-2

② 修改"标高 2"楼层参数。同步骤①，修改"标高 2"为"F2"，双击标高数据"4.000"修改为"3.000"，回车，即完成修改，如图 2-1（b）所示。"属性"选项板中的

相应参数随之修改。

③ 通过修改"属性"面板修改楼层标高参数。可以通过直接修改"属性"面板中相应参数，直接修改标高参数。单击"标高 2"→修改"属性"面板"立面"参数 4000.0 为 3000.0→修改"属性"面板名称"标高 2"为"F2"→选择弹出的"Revit"重命名对话框中的"是"按钮→回车，结束操作。如图 2-3 所示，"属性"面板参数由图 2-3（a）变为图 2-3（b）。依次修改"标高 1"属性面板相关参数，得图 2-1（b）。

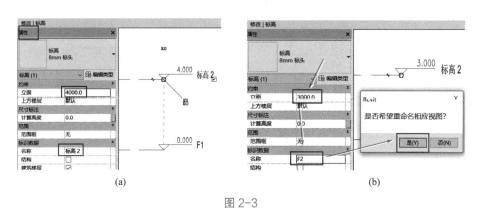

图 2-3

2.1.2　创建 F3 标高、F4 标高、F5 标高、F6 标高

单击功能区"建筑"→单击基准面板" "→进入" 修改 | 放置 标高 "选项卡→单击绘制面板中的" "按钮→单击修改面板中" "命令→单击"F2"标高线并回车→得图 2-4（a）→按图 2-4（b）所示设置阵列参数→单击"F2"，光标移向其上方→输入"3000"（层高），回车，得图 2-5（a）。

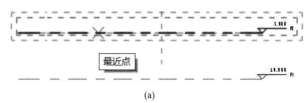

(a)

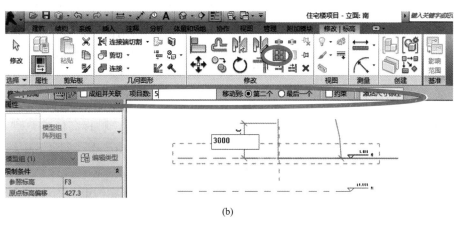

(b)

图 2-4

2.1.3 编辑标头名

双击"F6"→输入新的标头名称为"屋顶"→按"Enter"键→选择弹出的"Revit"重命名对话框中的"是"按钮→回车，结束操作，得图2-5（c）所示"屋顶"标头名。同上述方法，修改F1、F2、F3、F4、F5标头名为"一层""二层""三层""四层""五层"，得到如图2-5（c）所示相应标头名。

注：如果层数过多，方便起见，可采用 F1、F2、F3、……等为标头名。

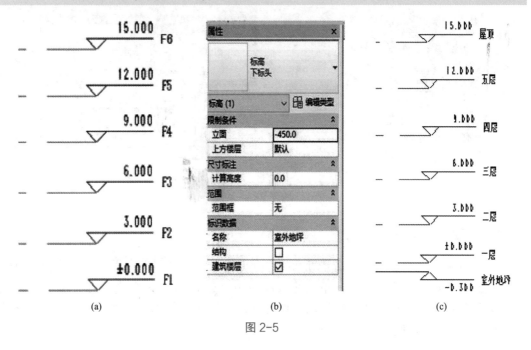

图 2-5

2.1.4 编辑室外地坪标高

单击"一层"标高线→选择"修改 | 标高"→单击"修改"面板中的"⟳"命令→在"一层"标高线上单击捕捉一点作为复制参考点→垂直向下移动光标→输入间距值"450"（单位：mm）后按"Enter"键生成"F7"→修改"属性"选项卡，选择标头为下标头、修改"立面"参数"-450［图2-5（b）］"为"-300"（注：常用修改方式）→得图2-5（c）所示标头名、标高等参数→选择"Esc"，得图2-5（c）所示住宅楼项目标高。

2.1.5 编辑标高属性

选择标高，在"属性"中可更改标高样式，软件中提供有三种标高样式类型："上标头""下标头""正负零标高"，根据图纸或项目需要可进行改换。在"属性"中约束立面下的尺寸为标高尺寸，更改标识数据下的名称也可进行名称改换。

如图2-6，可以看到"类型属性"下编辑类型，项目默认标高约束为"项目基点"，在图形中可更改标高线宽及颜色。

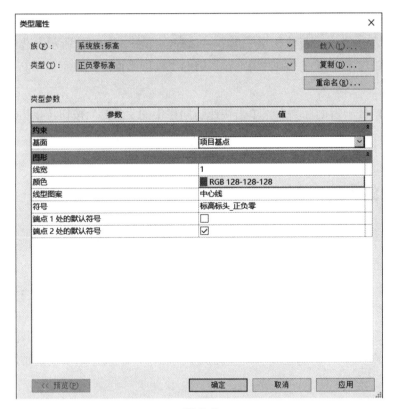

图 2-6

2.1.6 创建楼层平面中的缺省标高平面

选择"项目"选项卡中的"楼层平面","立面"视图切换到"楼层平面"视图。此时"楼层平面"列表下只有一层、二层、场地等，如图 2-7（a）所示。通过如下操作可添加缺省标高平面。

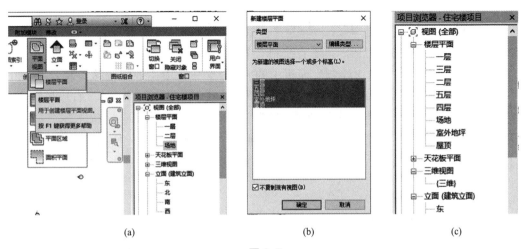

(a)   (b)   (c)

图 2-7

单击功能区"视图"→单击创建面板中"▣平面视图"→单击"▦楼层视图",如图 2-7(a)所示→弹出"新建楼层平面"对话框,如图 2-7(b)所示,选中框中的所有平面,单击"确定"按钮→"项目浏览器"中的"楼层平面"列表下显示新建的楼层,如图 2-7(c)所示。

创建好住宅楼项目的标高后,单击快速访问栏中的"▣"按钮,单击退出按钮,退出住宅楼项目标高的创建。

2.2 轴网的创建

打开"2.1 标高的创建"节中的成果"住宅楼项目 .rvt"项目文件,进入默认 Revit 工作界面,即可进行项目轴网的创建,具体步骤与方法如下所述。

2.2.1 创建一层平面视图轴网

打开住宅楼项目的默认 Revit 工作界面后,切换至楼层平面视图,创建和编辑轴网。轴网用于在平面视图中定位图元,Revit 提供了"轴网"工具,用于创建轴网对象,具体操作如下。

(1)设定轴线属性

① 选择"项目浏览器"→单击"楼层平面",展开选项列表→单击"一层"。

② 单击功能区"建筑"选项卡→单击基准面板中的"▦"按钮(或输入"GR"快捷命令,回车)→出现"修改|放置 轴网"上下文关联选项卡,如图 2-8(a)所示。

③ 单击"属性"中"▦ 编辑类型"→弹出"类型属性"对话框,按如图 2-8(b)所示设定各项内容→单击"确定"按钮,回到绘图界面。

(2)绘制垂直轴线

① 绘制"①轴"。在"修改|放置 轴网"上下文关联选项卡中的"绘制"面板中,单击"╱"命令,根据命令行提示,垂直绘制"①轴",如图 2-8(c)中"①轴"。

② 绘制"②轴"。单击"绘制"面板中的"⚞"→选项栏中的偏移量输入"2700"("①轴"与"②轴"之间的距离)→把鼠标放在"①轴"附件,"①轴"右边显示一垂直虚线时,如图 2-8(c),单击→得到"②轴",如图 2-8(d)所示。

③ 绘制"③轴"~"⑦轴"。与绘制"②轴"方法、步骤相同,按照附录 1 图纸数据信息依次生成"③轴"~"⑦轴",如图 2-8(e)所示垂直轴线。

(3)绘制水平轴线

① 绘制"Ⓐ轴"。方法同上述"(2)绘制垂直轴线"下"①"项。根据命令行提示,运用"╱"命令水平绘制轴线⊗→按"Esc"键退出"修改|放置 轴网"选项卡→单击"⊗轴"→单击文字框、输入"A"[或直接在"⊗轴"属性栏中修改名称"×"为"A",

如图 2-8（f）所示]→按"Esc"键，退出操作，轴头名称改为"Ⓐ轴"，如图 2-8（e）中的"Ⓐ轴"→同"（1）设定轴线属性"中的"②"项，进入"修改 | 放置 轴网"上下文关联选项卡界面。

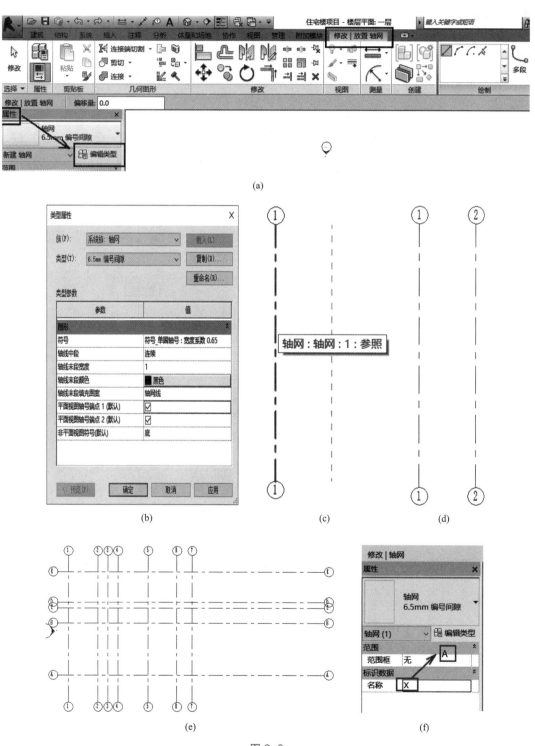

图 2-8

② 绘制"Ⓑ轴"。方法同上述"（2）绘制垂直轴线"中"②"项。单击绘制面板中的"🖊"→选项栏中的偏移量输入"4500"（"Ⓐ轴"与"Ⓑ轴"间距离）→把鼠标放在"Ⓐ轴"附件，"Ⓐ轴"上方显示一水平虚线时，单击→得到"Ⓑ轴"，如图2-8（e）中的"Ⓑ轴"。

③ 绘制"Ⓒ轴"～"Ⓔ轴"。与绘制"Ⓑ轴"方法、步骤相同，按照附录1图纸数据信息依次生成"Ⓒ轴"～"Ⓔ轴"。如图2-8（e）所示水平轴线。

（4）完善轴网

① 编辑"②轴"。单击"②轴"→单击轴头附近的锁头，使其解锁，如图2-9（a）所示→单击轴头上方小圆，按住左键并拖拽单根轴网轴头至其与"Ⓒ轴"交点处放开左键，如图2-9（b）所示→左击"隐藏符号"方框，隐藏轴头②，如图2-9（c）所示→回车，结束操作，得图2-9（d）。

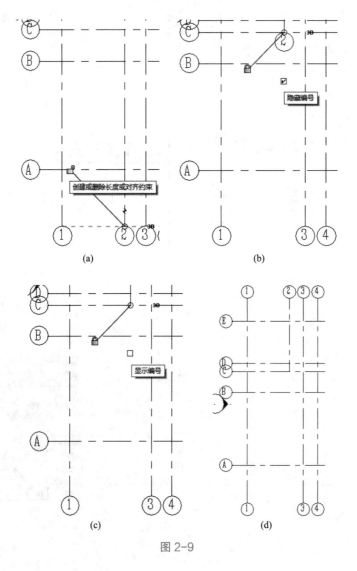

图 2-9

② 编辑"④轴""⑤轴""⑥轴"。与编辑"②轴"方法相同，进行编辑、完善，得图 2-10（a）。

③ 绘制"⑧轴""⑨轴""⑩轴""⑪轴""⑫轴""⑬轴"。单击"⑥轴"→单击"修改"面板中"镜像"命令→根据命令行提示，单击"⑦轴"，得"⑧轴"→回车，结束操作→相同方法依次镜像⑤轴、④轴、③轴、②轴、①轴，得到如图 2-10（b）中所示"⑨轴""⑩轴""⑪轴""⑫轴""⑬轴"。

④ 调整"⑩轴"标头。单击"⑩轴"→单击如图 2-10（d）"添加弯头"折线→按住鼠标左键，拖曳图 2-10（e）中拖曳点，调整"⑩轴"标头到合适位置，如图 2-10（f）所示，回车。相同方法调整其他轴标头位置，得图 2-10（b）。

⑤ 调整立面视图中轴线。在"项目浏览器"中双击"立面（建筑立面）"项下的"南立面"进入南立面视图，使用前述编辑标高和轴网的方法，调整标头位置、添加弯头。其他立面调整方法同此。

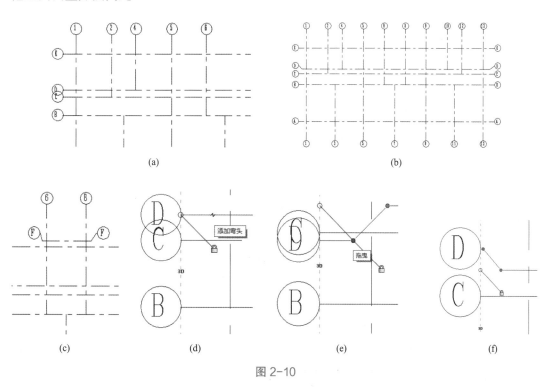

图 2-10

2.2.2 创建其他层平面视图轴网

其他层平面视图轴网如图 2-11 所示。根据附录 1 相应楼层平面图，修改视图轴网。具体步骤如下。

（1）平面视图轴网统一为一层平面视图轴网

单击"项目浏览器"中的"楼层平面"→单击"一层"，如图 2-10（b）所示→选择并单击与图 2-11 有差异的轴线，如②轴、④轴、⑥轴、⑧轴、⑩轴、⑫轴、③

轴、⑦轴、⑪ 轴、Ⓓ轴等→弹出 " 修改 | 轴网 " 选项卡→单击"基准"面板中"影响范围" 命令→弹出 "影响基准范围"对话框→勾选"影响基准范围"对话框中"楼层平面"的二层、三层、四层、五层、屋顶→按"确定"按钮，回到一层平面视图绘图界面，分别打开项目浏览器中的楼层平面的二层到屋顶平面视图，此时，每层视图轴网已经修改为如图 2-10（b）所示轴网。

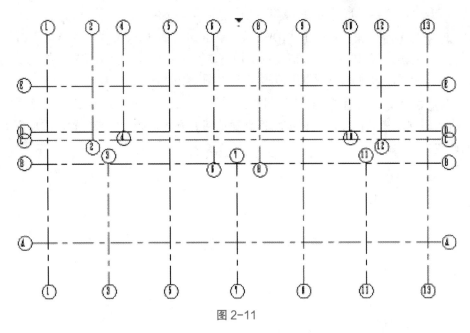

图 2-11

（2）添加Ⓕ轴线

单击"项目浏览器"中的"楼层平面"→单击"二层"平面视图→添加Ⓕ轴，如图 2-10（c）所示，此时，各层视图均出现Ⓕ轴→单击"项目浏览器"中的"立面（建筑立面）"→单击"东"→把"Ⓕ轴"拖曳至一层平面视图范围以外的标高处。

2.2.3 修改屋顶平面视图轴网

选择"项目浏览器"→"楼层平面"→"屋顶"平面视图，对照附录 1 屋顶平面图中所显示轴网信息，对绘图区域中所显示轴网进行修改。

（1）修改开间方向轴线

删除屋顶平面视图中Ⓒ轴、Ⓓ轴，具体操作如下。

单击"项目浏览器"中的"立面（建筑立面）"→单击"东"→选择"Ⓓ"轴，使其解锁，解除端部约束，捕捉端部圆圈，如图 2-12（a）所示→按住鼠标左键把端部拖至屋顶标高以下位置（屋顶平面视图范围以外），如图 2-12（b）所示。用同样方法操作Ⓒ轴。最后重新锁定Ⓒ轴、Ⓓ轴。打开屋顶平面视图，其开间方向轴线同附录 1 中屋顶平面图，如图 2-12（c）对应图元所示。

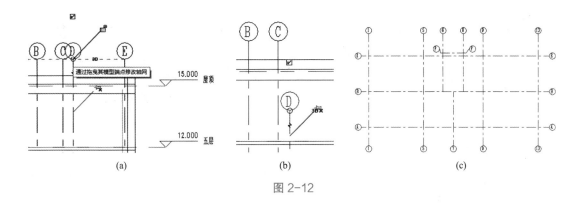

图 2-12

（2）修改进深方向轴线

单击"项目浏览器"中的"立面（建筑立面）"→单击"南"立面视图，其操作方法、步骤同上述"（1）修改开间方向轴线"。逐一对南立面视图中②轴、③轴、④轴、⑩轴、⑪ 轴、⑫ 轴进行修改。打开屋顶平面视图，其进深方向轴线同附录 1 中屋顶平面图，如图 2-12（c）对应图元所示。

此时屋顶平面视图中，轴网同附录 1 中屋顶平面图轴网，如图 2-12（c）所示。

> **注：**也可按本书"5.1 屋顶轴网的创建"中相关方法创建屋顶轴网。

2.2.4　标注轴网

轴网绘制完成后，可以使用 Revit"注释"选项卡中"对齐尺寸标注"功能，为各楼层平面视图中的轴网添加尺寸标注。

（1）准备工作

在标注之前，应对轴网的长度进行适当修改，具体操作如下。

① 垂直方向轴线。单击"项目浏览器"中的"楼层平面"→单击"一层"平面视图，选择该轴网图元，自动进入到"修改 | 轴网"上下文选项卡→如图 2-13 所示，移动鼠标至①轴标头与轴线连接处圆圈位置，按住鼠标左键不放，垂直向下移动光标，拖动该位置至图中所示位置后松开鼠标左键，Revit 将修改已有轴线长度。

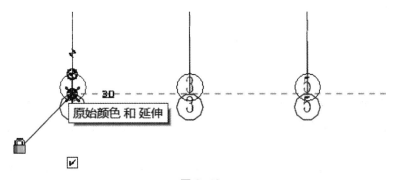

图 2-13

注意：由于 Revit 默认会使所有同侧同方向轴线保持标头对齐状态，一次修改任意轴网后，同侧同方向的轴线标头位置将同时被修改。

② 水平方向轴线。使用相同的方式，适当修改水平方向轴线长度。

③ 其他视图轴网。切换至其他楼层平面视图，发现视图中，轴网长度已经被同时修改。

（2）标注轴网

① 如图 2-14 所示，单击"注释"选项卡"尺寸标注"面板中"对齐"工具，Revit 进入放置尺寸标注模式。

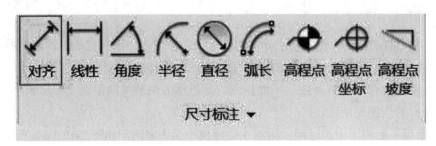

图 2-14

② 在"属性"面板"类型选择器"中，选择当前标注类型为"对角线 -3mm RomanD"→移动鼠标光标至①轴上，单击任意一点，作为对齐尺寸标注的起点→向右移动光标至②轴上任意一点并单击→以此类推，分别拾取并单击①轴、②轴、③轴、④轴、⑤轴、⑥轴、⑦轴等→完成后向下移动光标至轴线下适当位置单击空白处，即完成垂直轴线的尺寸标注，结果如图 2-15 所示。

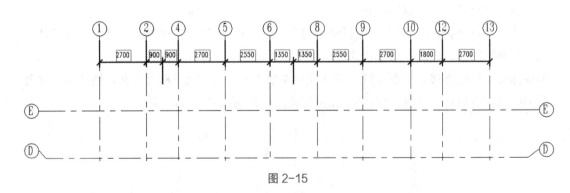

图 2-15

③ 确认仍处于对齐尺寸标注状态。依次拾取轴线，在上一步骤中创建下方尺寸线，单击"放置"生成中尺寸线。其中对齐尺寸标注仅可对互相平行的对象进行尺寸标注。

④ 重复上一步骤，使用相同的方式完成项目水平轴线的两道尺寸标注，结果如图 2-16 所示。

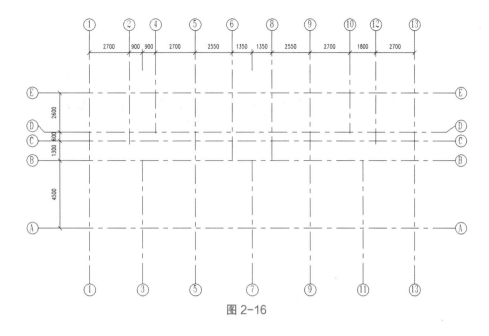

图 2-16

创建好住宅楼项目的轴网后，单击快速访问栏中的"💾"按钮，单击 退出按钮，退出住宅楼项目轴网的创建。

课后作业

创建住宅楼项目标高和轴网（详见附录 1 标高和轴网相关信息）。

课后拓展

1．创建宿舍楼项目文件（详见附录 2 标高和轴网相关数据信息）。
2．创建综合楼项目文件（详见附录 3 标高和轴网相关数据信息）。

|3| 一层 BIM 模型的创建

【项目任务】

创建住宅楼项目的一层 BIM 模型。

【专业能力】

创建工程项目一层 BIM 模型的能力。

【知识点】

Autodesk Revit 创建及设置墙体，幕墙添加制作，门窗载入及应用，楼面设置创建，通过轮廓族方法创建台阶和散水。

应用程序菜单：文件→新建族→选择族样板→保存。

快速访问栏：默认三维视图、剖面。

上下文选项卡：建筑、视图、创建。

面板（选项栏）：构建、三维视图、形状、基准。

属性选项板：构建类型及构建构造的参数设置、族图元可见性设置。

项目浏览器：楼层平面 – 一层、室外地坪。

视图控制栏：详细程度、显示样式、临时隐藏 / 隔离。

绘图区：标高的创建及其编辑，墙、板、门、窗、台阶等构件的布置，门窗族的绘制，参照标高的绘制。

3.1 一层墙体的创建

在 Revit 中提供了墙工具，用户使用该工具可以创建不同形式的墙体。Revit 提供了建筑墙、结构墙、面墙三种不同的墙体创建方式。建筑墙主要用于创建建筑的隔墙。结构墙的用法与建筑墙完全相同，但使用结构墙工具创建的墙体，可以在结构专业中为墙图元指定结构受力计算模型，并为墙配置钢筋，因此该工具可以用于创建剪力墙等墙图元。面墙则根据创建或导入的体量表面生成异型的墙体图元。在住宅楼项目中，可以使用建筑墙工具完成所有墙体的创建，在创建前需要根据墙体构造对墙的结构参数进行定义。墙结构参数包括了墙体的厚度、做法、材质、功能等。

3.1.1　创建一层外墙

打开"2　标高和轴网的创建"中的"住宅楼项目 .rvt"项目文件，进入默认 Revit 工作界面，即可进行一层外墙的创建，具体步骤与方法如下所述。

3.1.1.1　设定外墙构造参数

（1）启动"墙"工具

单击"项目浏览器"中的"楼层平面"→单击"室外地坪"平面视图→单击功能区"建筑"选项卡→单击 "墙"工具下拉列表中的" 墙：建筑"，进入墙绘制状态，工作界面自动切换至" 修改 | 放置 墙 "上下文选项卡。此时，"属性"选项卡中默认墙体是"基本墙 常规 -200mm"如图 3-1（b）所示。单击"基本墙"，出现墙类型下拉列表→单击 常规 - 225mm 砌体 →属性中显示墙体为"基本墙 常规 -225mm 砌体"，如图 3-1（c）所示。

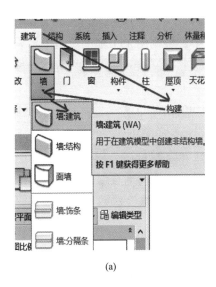
(a)

(b)

(c)

图 3-1

（2）创建"外墙 -240 墙"类型

1）"外墙 -240 墙"命名

单击图 3-1（c）属性面板中的" 编辑类型"，弹出"类型属性"对话框→单击"复制"选项→在弹出的命名对话框里输入名称"外墙 -240 墙"，如图 3-2（a），按"确定"按钮，此时，类型栏文本框将变为"外墙 -240 墙"，如图 3-2（b）所示。

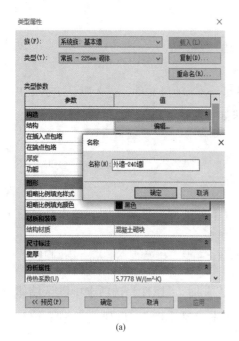 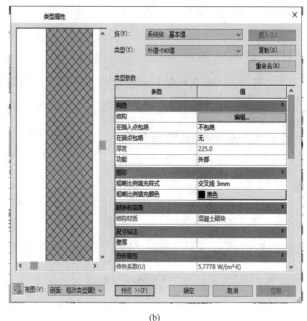

(a)   (b)

图 3-2

2）"外墙 -240 墙"参数设置

① "外墙 -240 墙"构造层设置。如图 3-2（b）所示，单击"类型参数"列表框中"结构"参数后的"编辑…"→在弹出的"编辑部件"对话框中，根据附录 1 施工说明中相关的外墙数据信息，反复运用" 插入（I） 、 向上（U） 、 向下（Q） "功能，得到符合附录 1 外墙层数的结果，如图 3-3（a）。

② "外墙 -240 墙"结构层设置。单击如图 3-3（a）所示界面中结构层→混凝土砌块 … 中的"材质预览 … "→在弹出的材质浏览对话框中输入"砖"，在搜索到的材质中选中"砌体 - 普通砖 75×225mm"，如图 3-3（c）所示→"创建并复制材质" ⊕· 下拉菜单中单击"复制选定的材质"→在新出现的材质名称处修改名称为"砌体 - 普通砖 240"→依据附录 1 相关要求设定其外观等相关参数→确认后回到"编辑部件"对话框，修改其厚度，得到图 3-3（b）所示的" 5 结构 [1]　　　砌体 - 普通　 240.0 "住宅楼项目的外墙核心层。

③ "外墙 -240 墙"其他构造层参数设定。同上述"②'外墙 -240 墙'结构层设置"操作，得图 3-3（b），符合附录 1 外墙要求的住宅楼项目外墙构造参数。

经过上述设定，按"确定"按钮，回到"类型属性"对话框如图 3-3（d），此时在预览中显示与未设定前图 3-1（b）明显的构造区别。按"确定"按钮回到绘图界面。

（3）创建"外墙 -240 墙双面外"类型

附录 1 显示，需设置双面对外的 240 外墙，用于阳台分户墙及楼梯入口处外墙等位置。方法同上述"（2）创建'外墙 -240 墙'类型"章节所述，名称设为"外墙 -240 墙双面外"。根据附录 1 要求，"编辑部件"对话框设定为如图 3-4（a）所示。

(a)

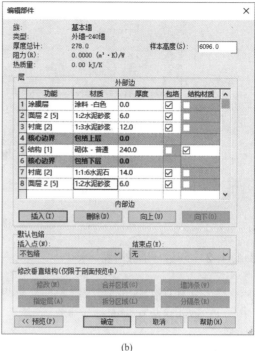

(b)

(c)   (d)

图 3-3

（4）创建"外墙 –120 墙双面外"类型

附录 1 显示，需设置双面对外的 120 外墙，用于阳台栏板位置。方法同上述"（2）创建'外墙 –240 墙'类型"章节所述，名称设为"外墙 –120 墙双面外"。根据附录 1 要求，"编辑部件"对话框设定为如图 3-4（b）所示。

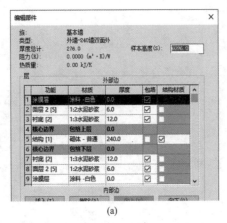

(a)　　　　　　　　　　(b)

图 3-4

3.1.1.2　创建一层外墙

设定好各种外墙及其对应参数后，即可创建住宅楼项目的外墙，具体操作如下所述。

（1）启动绘制外墙界面

单击"项目浏览器"中的"楼层平面"→单击"室外地坪"平面视图→单击功能区"建筑"选项卡→单击 "墙"工具→单击"墙"工具下拉列表中的" 墙：建筑"，进入墙绘制状态，工作界面自动切换至" 修改|放置 墙 "上下文选项卡→单击绘制面板中"直线 I"命令。进入绘制外墙界面。

（2）设定"属性"选项卡

按照图 3-5（a）所示，设定"属性"选项卡。根据附录 1 要求，在墙类型下拉列表，勾选切换"外墙 -240 墙""外墙 -240 墙双面外""外墙 -120 墙双面外"，如图 3-5 所示。此时，面板选项卡显示为" 修改|放置 墙　高度： 二层　3300.0　定位线 墙中心线　☑链 偏移：0.0　□半径：1000.0 "。

(a)　　　　　　　(b)　　　　　　　(c)

图 3-5

（3）创建外墙

根据附录 1 标准层平面图及其数据信息，结合绘图界面左下角取点提示，绘制一层外墙，并按空格键，调整对外墙面，如图 3-6（a）所示。

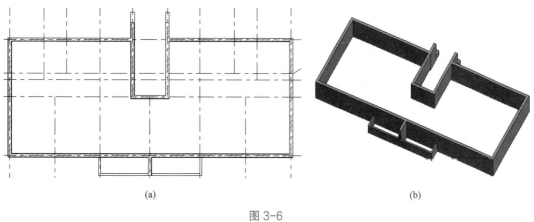

(a)   (b)

图 3-6

（4）三维视图

完成一层外墙的绘制后，按"Esc"退出操作，单击功能区中的"视图"工具，工作界面自动切换至"视图"上下文选项卡→单击"创建"面板中的"三维视图" 🏠 选项卡，界面出现"三维视图"，可进行三维模型查看，如图 3-6（b）所示。

（5）保存项目成果

单击快速访问栏中的"保存 💾"按钮，单击 "退出" ✖ 按钮，退出住宅楼项目一层外墙的创建。

3.1.2 创建一层内墙

双击"3.1.1 创建一层外墙"中的成果——"住宅楼项目 .rvt"项目文件，进入默认 Revit 工作界面，即可进行一层内墙的创建，具体步骤与方法如下所述。

3.1.2.1 设定内墙构造参数

（1）启动墙工具

方法及操作步骤同"3.1.1.1 设定外墙构造参数（1）启动'墙'工具"，名称为"内墙 -240 墙"。

（2）砌体构造参数设置

方法及操作步骤同"3.1.1.1 设定外墙构造参数 /（2）创建'外墙 -240 墙'类型"，"编辑部件"对话框中"内墙 -240 墙"结构层根据附录 1 相关数据信息设置，如图 3-7（a）所示。点击"确定"，结束"编辑部件"对话框的操作，此时"属性"选项卡为图 3-7（b）所示。点击"确定"按钮，回到"类型属性"对话框 [如图 3-3（d）]，此时在预览中显示明显与未设定前图 3-1（b）的构造区别。点击"确定"按钮回到绘图界面。

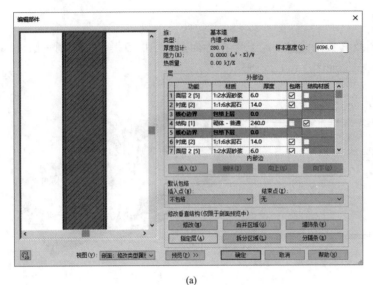

(a)　　　　　　　　　　　(b)

图 3-7

3.1.2.2　创建一层内墙

设定好内墙及其对应参数后，即可创建住宅楼项目的内墙，方法与操作步骤同
"3.1.1.2 创建一层外墙"所述。绘制时，"属性"选项卡如图 3-7（b）所示设定。创建成
果如图 3-8 所示。

具体操作如下所述。

（1）启动绘制内墙界面

单击"项目浏览器"中的"楼层平面"→单击"室外地坪"平面视图→单击功能区
"建筑"选项卡→单击 "墙"工具→单击"墙"工具下拉列表中的" 墙：建筑"，进
入墙绘制状态，工作界面自动切换至" 修改|放置墙 "上下文选项卡→单击绘制面板中
"直线 "命令。进入绘制内墙界面。

（2）设定"属性"选项卡

在"属性"选项卡中墙类型下拉列表中，勾选切换"内墙 -240 墙"。并作如图 3-7
（b）所示设定。此时，面板选项卡显示为" 修改|放置 墙 高度 二层 3300.0 定位线:墙中心线 链 偏移:0.0 半径:1 "。

（3）创建内墙

根据附录 1 标准层平面图及其数据信息，结合绘图界面左下角取点提示，绘制一层内
墙。如图 3-8（a）所示。

（4）三维视图

完成一层内墙的绘制后，按"Esc"退出操作，单击功能区中的"视图"工具，工作
界面自动切换至"视图"上下文选项卡→单击创建面板中的"三维视图 "选项卡，界
面出现"三维视图"，可进行三维模型查看。如图 3-8（b）所示。

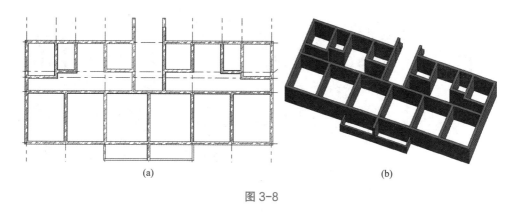

(a)   (b)

图 3-8

（5）保存项目成果

单击快速访问栏中的"保存 <kbd>💾</kbd>"按钮→单击"退出"<kbd>✖</kbd>按钮，退出住宅楼项目一层外墙的创建。

3.1.3　创建一层幕墙

打开"3.1.2 创建一层内墙"中的成果——"住宅楼项目 .rvt"项目文件，进入默认 Revit 工作界面，即可进行一层幕墙的创建。与前述章节介绍的创建基本墙（即外墙、内墙等）一样，在绘制幕墙前，应首先对幕墙进行定义，其定义方法和"基本墙"类似。具体创建可按下述步骤进行。

（1）启动幕墙工具

单击"项目浏览器"中的"楼层平面"→单击"一层"平面视图→单击功能区"建筑"选项卡→单击 <kbd>🧱</kbd>"墙"工具→单击墙工具下拉列表中的" <kbd>🧱</kbd>墙：建筑"，进入幕墙绘制状态，工作界面自动切换至" <kbd>修改 | 放置 墙</kbd> "上下文选项卡。此时，"属性"选项卡勾选 <kbd>🔲</kbd>"幕墙"→单击绘制面板中的"直线 <kbd>⁄</kbd>I"命令，进入绘制幕墙界面。

（2）设定绘制面板选项卡

绘制面板选项卡显示为" <kbd>修改 | 放置 墙　高度: ∨　未连接 ∨　2600.0　　定位线: 墙中心线 ∨　☑链　偏移: 0.0　　□</kbd> "。

（3）创建一层幕墙

根据附录 1 所示信息数据及其 TLM 的位置，绘制幕墙，如图 3-9（a）所示。打开三维视图，得到如图 3-9（b）所示的幕墙模型。

（4）编辑幕墙 TLM

在南立面中可对幕墙进行分割和添加推拉门，具体方法和步骤如下所述。

① 启动幕墙编辑界面。单击"项目浏览器"中"立面（建筑立面）"展开列表→双击"南"，视图切换至南立面视图→单击幕墙图元，幕墙亮显→单击状态栏中的"临时隐藏 / 隔离 <kbd>💡</kbd>"→单击"隔离图元"选项，将幕墙模型进行隔离→点击三维模型前立面，进入幕墙编辑工作界面。

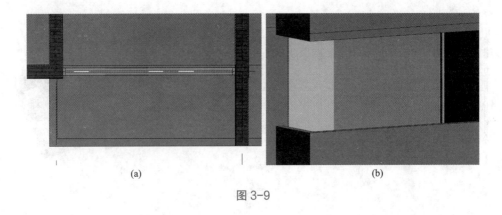

(a)　　　　　　　　　　　　　　(b)

图 3-9

② 分割幕墙。单击功能区"建筑"选项卡→单击构建面板中的"▦幕墙网格"工具，根据附录 1 提供的 TLM 数据信息，对幕墙添加网格线进行分割，如图 3-10（a）所示→单击竖向幕墙线→单击选择"╪添加 / 删除线段"，将下侧幕墙线进行修剪，得到图 3-10（b）所示幕墙模型。

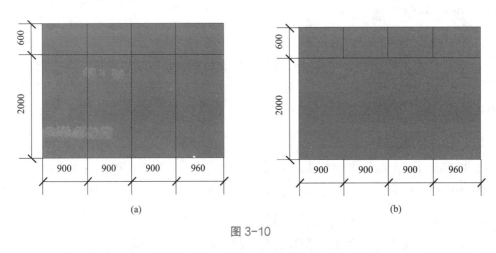

(a)　　　　　　　　　　　　　　(b)

图 3-10

③ 载入幕墙推拉门。单击幕墙模型边框，选中模型，按下键盘"Tab"键，切选将下侧幕墙嵌板选中→单击"属性"选项卡中的"编辑类型"→在弹出的"类型属性"对话框中，单击"载入（L）…"按钮→单击"建筑"文件夹→单击"幕墙"文件夹→单击"门窗嵌板"文件夹→"▦门嵌板_四扇推拉无框铝门"中单击"打开"按钮，将幕墙推拉门进行载入，替换玻璃嵌板。

④ 添加幕墙竖梃。单击功能区的"建筑"选项卡→单击"▦竖梃"→单击"▦全部网格线"，点击幕墙模型，如图 3-11 所示，完成幕墙创建。

⑤ 退出编辑。点击"▧临时隐藏 / 隔离"命令中"重设临时隐藏 / 隔离"，将模型还原至非隐藏状态。结束操作。

依次类推，完成其他处幕墙 TLM 的创建。

（5）保存项目成果

单击快速访问栏中的"保存▣"按钮→单击"退出"✕按钮，退出住宅楼项目一层幕墙 TLM 的创建。

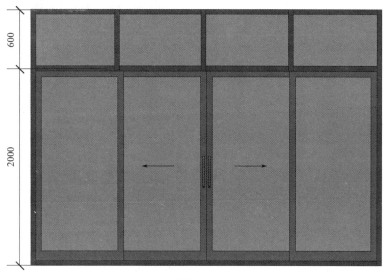

图 3-11

3.2　一层门构件的创建

门是建筑设计中最常用的构件。Revit 提供了门工具，用于在项目中添加门图元。门必须放置于墙、屋顶等主体图元中，这种依赖于主体图元而存在的构件称为"基于主体的构件"。

3.2.1　创建 M1

打开"3.1 一层墙体的创建"中的成果——"住宅楼项目.rvt"项目文件，进入默认 Revit 工作界面，即可进行一层门构件的创建。具体创建门的方法可按下述步骤进行。

3.2.1.1　设定 M1 属性

（1）载入门族

门属于可载入族，要在项目中创建门，必须先将其载入当前项目中。

单击"项目浏览器"中"楼层平面"列表→单击"一层"，进入一层平面视图工作界面→单击功能区"建筑"选项卡→单击构件面板" 门"→单击"属性"选项卡中" 编辑类型"按钮→弹出"类型属性"对话框→单击"载入"…选项→在弹出的"打开"对话框中，单击"建筑"文件夹→单击"门"文件夹→单击"普通门"文件夹→单击"平开门"文件夹→单击"单扇"文件夹，如图 3-12（a）所示→单击选择符合附录 1 需求的门族，如"单嵌板木门 1"→按"打开（O）"按钮，回到"类型属性"对话框，如图 3-12（b）所示。

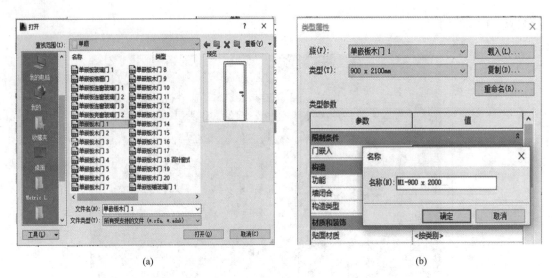

(a)　　　　　　　　　　　　　　(b)

图 3-12

（2）设定 M1 属性

按图 3-12（b）所示勾选"族""类型"选项→按"复制"按钮，在弹出的"名称"对话框中输入名称，如"M1-900×2000"，按"确定"按钮回到"类型属性"对话框，如图 3-13（a）所示→按照附录 1 中 M1 尺寸，修改对话框中相关信息，如图 3-13（a）、图 3-13（b）所示→按"确定"按钮回到绘图界面。

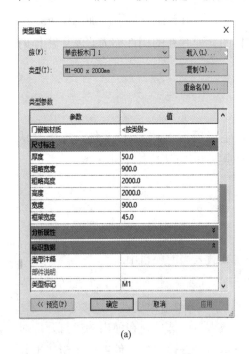

(a)　　　　　　　　　　　　　　(b)

图 3-13

此时绘图界面中的"属性"选项卡"单嵌板木门 1"选项中出现"M1-900×2000"选项，如图 3-14 所示。

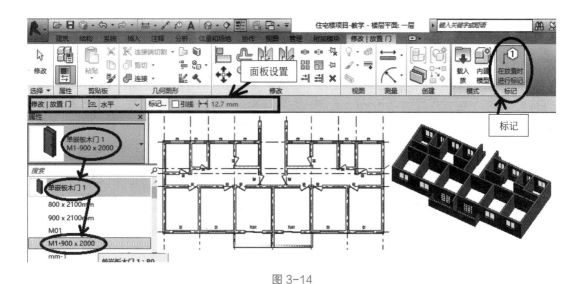

图 3-14

注意：在"类型属性"对话框中也可根据所建模型施工图的要求，进行门的其他属性，如材质和装饰等的设定，具体方法和步骤同"3.1.1.1 设定外墙构造参数中2) 外墙-240墙参数设置"中材质设定的相应部分。

3.2.1.2　创建一层 M1

M1 的创建可按下述步骤进行。

（1）启动"门"命令

① 输入快捷命令"DR"，回车。

② 单击功能区"建筑"选项卡→单击"门 🚪"命令。

（2）创建 M1

① 设定绘制约定。启动"门"命令后，工作界面自动切换至" 修改 | 放置门 "上下文选项卡，单击"标记"选项卡中"在放置时进行标记"使之亮显→面板设置为如图 3-14 所示。

② 设定"属性"选项卡。在"属性"选项卡中，"类型选择器"中选择"单嵌板木门1 M1-900×2000"，底高度设定为"0.0"。

③ 创建 M1。光标移动到①、②轴之间的Ⓑ轴内墙，此时光标上下移动可使图元上下翻转，按空格键可使图元左右翻转，图元调整合适时单击，生成"M1"，按"ESC"键退出放置命令。

④ 修改 M1 位置。选中"M1"，出现相应临时尺寸标注，单击需要修改的尺寸，使数据符合附录 1 中 M1 的要求→单击"修改"面板中🔒"锁定"，此时修改面板中的选项卡如图 3-14 所示。

⑤ 重复上述步骤，完成其他内墙处 M1 绘制，得到如图 3-14 所示绘图界面中 M1

图元。

（3）M1 标记编辑

M1 标记编辑可在"属性"选项卡中修改。如图 3-15 所示，具体操作如下：单击 "M1"，单击"属性"选项卡中的"编辑类型"→弹出"类型属性"对话框，在"类型标记"右侧条框中输入"M1"→点击"确定"，结束操作。

图 3-15

3.2.2 创建其他门

根据附录 1 中相关数据信息，按上述"3.2.1 创建 M1"的方法与步骤创建 M2、M3、M4、M5，如图 3-14 所示界面中相应图元。

其中需要注意如下事宜。

① 当门的位置在垂直内墙上时，面板设置为" 修改 | 放置门 | 垂直 | 标记 | □引线 "。
② 如果门的平面视图与附录 1 有差别时，双击门图元，对该门族进行修改。
③ 门全部创建好后，按"ESC"键退出"修改 | 放置门"选项卡操作。

一层门构件创建完成后，单击快速访问栏中的"保存 ⊟"按钮→单击 "退出" ✕ 按钮，退出住宅楼项目一层门构件的创建。

3.2.3 创建门族

族是组成项目的构件，同时也是参数信息的载体。一个族中各个属性对应的数值可能不同，但是属性的设置（其名称和含义）是相同的。Revit 包含可载入族、系统族、内建族等三种族。门族属于可载入族，是用户使用族样板在项目外创建的 RFA（项目族）文件，可以载入到项目中，具有属性可自定义的特征，是最常见创建和修改的族之一。门族创建方法如下所述。

（1）选择族样板

如图 3-16（a）所示，单击 Revit 界面左上角"文件"选项→弹出应用程序菜单→单击"新建"中的"族"选项→弹出"新族-选择样板文件"对话框，如图3-16（b）所示，选择"公制门"族样板。

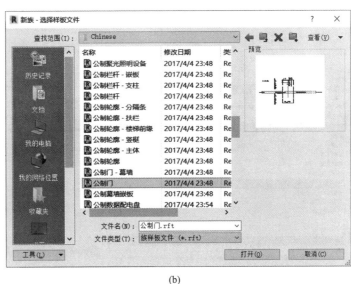

(a)　　　　　　　　　　(b)

图 3-16

（2）设置族参数

① 单击功能区"创建"选项卡→单击"属性"面板中的"族类型"工具，如图 3-17（a）所示→弹出"族类型"对话框，单击右侧"新建 "命令→在弹出的"名称"对话框中输入"1800*2100mm"为门族名称，按"确定"按钮，回到"族类型"对话框，如图 3-18（a）→修改"族类型"对话框中"宽度"和"高度"的数值，分别修改宽度值为"1800.0"，高度值为"2100.0"，按"确定"按钮，回到族 1 界面，此时，界面中门图元的宽度值由默认 1000 变为 1800，如图 3-17（b）所示。

② 单击功能区"管理"选项卡→单击 "设置"面板中的" 对象样式"命令，如图 3-18（b）所示，将门类别下的"平面打开方向"中的"截面"线宽改为数值"4"。

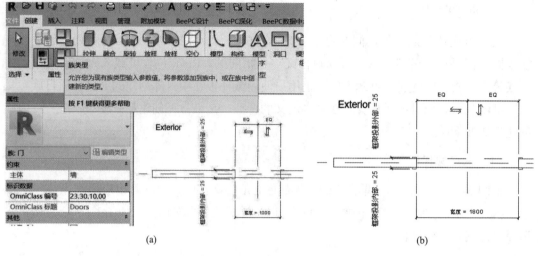

图 3-17

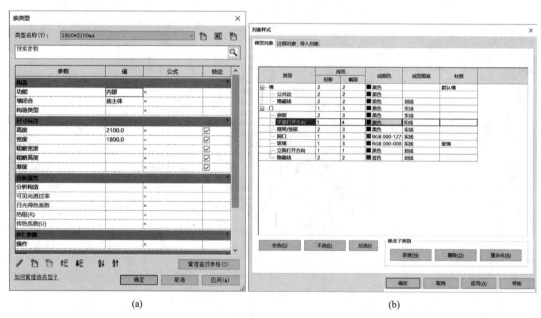

图 3-18

(3) 创建门模型

1) 添加参照平面

① 添加垂直参照平面。须在绘图区域添加两个垂直参照平面。单击功能区"创建"选项卡→单击"基准"面板中的"参照平面"工具,工作界面自动切换至" 修改|放置 参照平面 " 选项卡→新建参照平面的"属性"栏中分别将新建的参照平面命名为"框架-左"和"框架-右",如图 3-19(a)所示→单击功能区" 修改|参照平面 "选项卡→单击"基准"面板中的 "对齐尺寸标注"工具,将"框架-左"和"框架-右",参照平面与族样板中名称为"左"和"右"的参照平面标注上尺寸,宽度为"50",单击尺寸,激活选项栏→在"标签"下拉列表中选取"门框架宽度"的参数,界面显示如

图 3-19（b）。

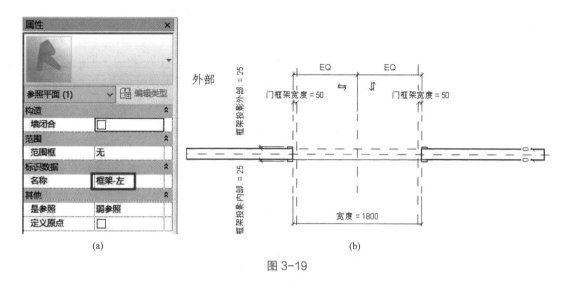

图 3-19

② 添加水平参照平面。方法与步骤同 "①添加垂直参照平面"。新建参照平面命名为 "框架 - 外"，与族样板中名称为 "外部" 的参照平面注上尺寸，设定为 "20"→在选项栏 "标签" 下拉列表中点击 "添加参数"，参数类型选择 "族参数"，添加名为 "门嵌入" 的名称→单击尺寸，在选项栏 "标签" 下拉列表中选取 "门嵌入" 参数，如图 3-20（a）所示→添加一个水平参照平面，新建参照平面命名为 "框架 - 内"，与 "框架 - 外" 参照平面注上尺寸，设定为 "90"，同上操作新建名为 "门框架厚度" 的参数，单击新建的尺寸，在选项栏 "标签" 下拉列表中选取 "门框架厚度" 参数，如图 3-20（b）所示。

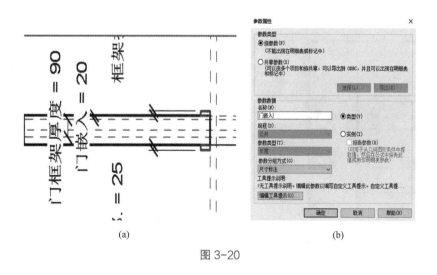

图 3-20

2）创建门模型

① 路径的设置。单击 "项目浏览器 - 族 1" 中 "立面" 下拉列表中 "外部"，双击切换至 "外部" 立面→单击功能区中 "创建" 选项板→单击 "形状" 面板中的 "放样" 选

项→工作界面自动切换至"修改 | 放样"→单击放样面板中的"绘制路径"→工作界面自动切换至"修改 | 放样 > 绘制路径"→单击绘制面板中的"直线"命令→在绘图区域，以左下角为起点，绘制三段直线，并且与相关参照平面进行锁定，如图 3-21 所示，注意当前工作平面默认设置为"参照平面：外部"→单击"模式"面板上"完成编辑模式"按钮，完成放样路径的绘制，工作界面切换至"修改 | 放样"。进行下一步操作。

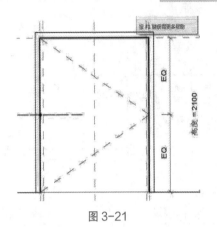

图 3-21

② 绘制轮廓。在"修改 | 放样"工作界面，单击"放样"面板上的"编辑轮廓"→在弹出的"转到视图"对话框中，选取"楼层平面：参照标高"，单击"打开视图"按钮→绘制矩形放样轮廓，并且与相关参照平面进行锁定，如图 3-22（a）所示。单击两次完成轮廓的绘制。

依次单击"模式"面板上"✔"按钮，完成放样操作。

③ 赋予材质参数。单击"项目浏览器 - 族 1"中"三维视图"下拉列表中的"视图 1"，切换至三维视图，选择已经创建完成的框架，在"属性"选项板中单击"材质和装饰"→点击"材质"最右侧的"关联参数"按钮，在弹出的"关联族参数"对话框中点击"添加参数"，创建名为"框架材质"的参数，在对话框中选择"框架材质"，如图 3-22（b）所示。

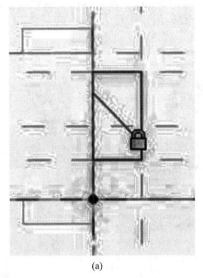

(a)

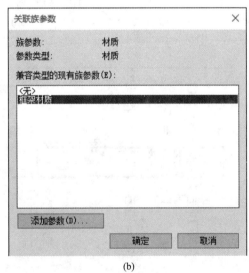

(b)

图 3-22

（4）创建嵌板

① 创建水平参照平面。单击"项目浏览器 - 族 1"中"楼层平面"中的"参照标高"，切换至"参照标高"平面，方法与步骤同"（3）创建门模型中②添加水平参照平面"。在

绘图区域新建一条水平参照平面，并在属性栏面板中将新建的参照平面命名为"嵌板"→与"框架 - 外"参照平面注上尺寸，设定为"40"→单击新建的尺寸，在选项栏"标签"下拉列表中选择"添加参数"，创建名为"门嵌板厚度"的参数→在"嵌板"参照平面与"框架 - 外"参照平面之间新建一个水平参照平面，在属性栏面板中将新建的参照平面命名为"玻璃嵌板"，它相对于两个参照平面成等距关系。具体操作为：在"参照标高"视图中单击功能区中的"修改"→"测量"→"对齐尺寸标注"✎→依次选取"框架 - 外"参照平面、"玻璃嵌板"参照平面、"嵌板"参照平面，单击标注上出现的"EQ"字样，从而确定了嵌板的水平位置和厚度，如图 3-23（a）所示。

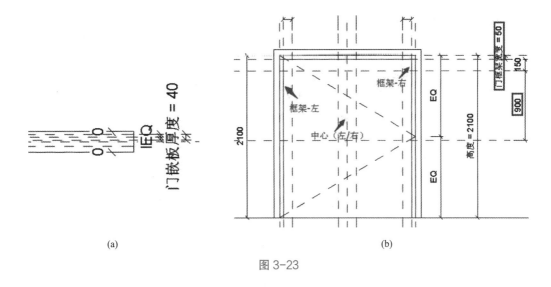

(a)　　　　　　　　　　　　　　　　(b)

图 3-23

② 创建垂直参照平面。在"项目浏览器 - 族 1"中切换至"内部"立面→添加四个垂直参照平面，分别为"玻璃 - 左"参照平面，"玻璃 - 右"参照平面，"中心 - 左"参照平面、"中心 - 右"参照平面→将新建的"玻璃 - 左""玻璃 - 右""中心 - 左""中心 - 右"参照平面分别与"框架 - 左""框架 - 右""中心（左 / 右）"参照平面注上尺寸，均设定为"120"→单击尺寸，出现锁定标记🔒时，单击"锁定"，将尺寸锁定。

③ 创建水平参照平面。在"内部"立面中，添加三个水平参照平面→为参照平面依次标注尺寸，尺寸自上而下依次定义为"50""150"和"900"→单击数值为"50"的尺寸，在选项栏"标签"下拉列表中选取"门框架厚度"参数，尺寸"150"确定了玻璃嵌板距离门嵌板最顶端的距离，尺寸"900"确定了玻璃嵌板的高度，如图 3-23（b）所示。

④ 创建拉伸。在"内部"立面中，单击"创建"选项卡→"形状"面板→"▣拉伸"→绘制面板"矩形▭"→绘制嵌板，并且与新建的参照平面锁定，单击"模式"面板中"完成编辑模式"✔ 按钮完成绘制，如图 3-24 所示。

（5）创建玻璃

① 创建拉伸。切换至"内部"立面视图→单击"创建"面板下"形状"命令栏"▣拉伸"按钮→工作界面自动切换至"修改 | 创建拉伸"→单击"创建"面板下"工作平面"→进

行"设置",在工作平面对话框中,按照名称指定新的工作平面:"参照 平面:玻璃嵌板",在"内部"立面上绘制玻璃形状,其边界线与相应的参照平面进行锁定,单击"✔"完成绘制。

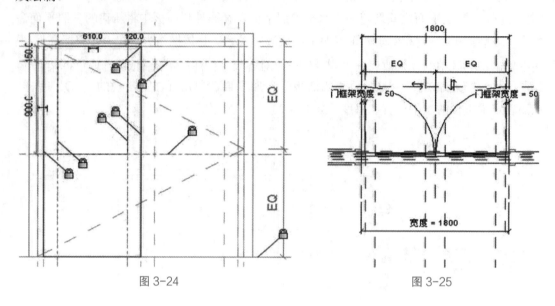

图 3-24   图 3-25

② 关联材质参数。切换至三维视图"视图 1"→选择玻璃嵌板,在"属性"选项板中单击"材质和装饰"→"材质"最右侧的关联参数按钮,在弹出的"关联族参数"对话框中点击"添加参数",创建名为"玻璃材质"的参数,将玻璃嵌板材质与新建材质参数"玻璃材质"相关联。

③ 创建其他构件。使用与上述相同的方法创建另一块玻璃。

④ 调整尺寸参数。转到参照标高视图,调整门及玻璃厚度,如图 3-26 所示。

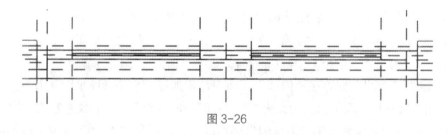

图 3-26

（6）创建平面开启线

① 创建水平参照平面。切换至"参照标高"平面→选择创建面板"基准"命令栏"🗔"创建一条水平参照平面,使其到"中心 （左 / 右）"参照平面的距离为"900"。创建两个垂直参照平面,与"左""右"参照平面,距离设置为"40"并锁定尺寸。

② 绘制平面开启线。单击"注释"选项卡→"详图"面板→"符号线"按钮→点击"绘制"命令栏"矩形"按钮绘制门框→点击"起点终点半径弧"按钮绘制门的开启方向,并与相关参照平面进行锁定,如图 3-25 所示。

（7）图元可见性设置

双击项目浏览器"三维视图"中"视图 1"，界面切换至三维视图→选择所创建的所有构件→单击属性栏"可见性图形替换"→"编辑"→取消勾选"平面/天花板平面视图"和"当在平面/天花板平面视图中被剖切时（如果类别允许）"两个选项，如图 3-27 所示。

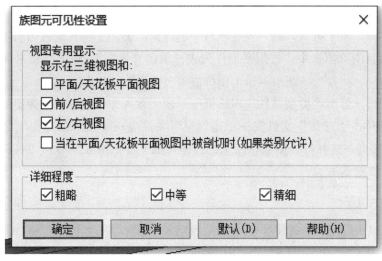

图 3-27

（8）运用门族

① 保存族文件。单击 Revit 界面左上角"文件"选项→弹出"应用程序菜单"→单击"另存为"中的"族"选项→弹出"另存为"对话框，选择好保存途径，命名为"门 1800-2100"，按"保存"按钮。回到该族工作界面→单击 "退出" ✕按钮，退出"门 1800-2100.rfa"族的创建。

② 载入族文件。打开"住宅楼项目.rvt"项目文件，在平面图视图界面，单击功能区"建筑"→单击"门"→单击模式面板中的"载入族"→弹出"载入族"对话框→根据上述保存路径，单击选择"门 1800-2100.rfa"族文件→按"打开"按钮，回到绘图界面，属性栏中即默认显示了"门 1800-2100"门类型，即可按"3.2.1 创建 M1"所述方法与步骤，把该"门 1800-2100"创建在住宅楼项目中指定的墙上。

3.3　一层窗构件的创建

窗和门一样，也是建筑设计中最常用的构件。Revit 提供了窗工具，用于在项目中添加窗图元。窗和门一样，必须放置于墙、屋顶等主体图元中，属于"基于主体的构件"。

3.3.1　创建 C1

打开"3.2 一层门构件的创建"中的成果——"住宅楼项目 .rvt"项目文件，进入默认 Revit 工作界面，即可进行一层窗构件的创建。具体创建窗的方法可按下述步骤进行。

3.3.1.1　设定 C1 属性

（1）载入窗族

窗与门一样，属于可载入族，要在项目中创建窗，必须先将其载入当前项目中。

单击"项目浏览器"中"楼层平面"列表→单击"一层"，进入一层平面视图工作界面→单击功能区"建筑"选项卡→单击构件面板"窗▥"→单击"属性"选项卡中"▦ 编辑类型"按钮→弹出"类型属性"对话框→单击"载入…"选项→在弹出的"打开"对话框中，依次单击"建筑"文件夹→单击"窗"文件夹→单击"普通窗"文件夹→单击"推拉窗"文件夹→选择符合附录 1 需求的窗族，如"推拉窗 6"→按"打开"按钮，回到"类型属性"对话框。

（2）设定 C1 属性

仿照"3.2.1.1 设定 M1 属性"中"（2）设定 M1 属性"的方法、步骤，设定 C1 属性，具体如下所述。

载入符合附录 1 中 C1 要求的推拉窗后，勾选"类型属性"对话框按默认"族""类型"选项→按"复制"按钮，在弹出的"名称"对话框中输入名称"C1-1800×1700mm"，按"确定"按钮回到"类型属性"对话框，按照附录 1 中 C1 尺寸，修改对话框中相关信息，并把"类型标记"修改为 C1。按确定按钮回到绘图界面。

此时绘图界面中的"属性"选项卡中，窗的类型中出现"C1-1800×1700mm"选项。

3.3.1.2　创建一层 C1

C1 绘制可按下述步骤进行。

（1）激活"窗"命令

常用如下两种方式进行：

①输入快捷命令"WN"，回车。

②单击"建筑"→"▥窗"命令。

（2）绘制

可仿照"3.2.1.2 创建一层 M1"中"（2）创建 M1"的方法、步骤绘制 C1，具体如下所述。

①设定绘制约定。启动窗命令后，工作界面自动切换至" 修改│放置 窗 "上下文选项卡，单击标记选项"在放置时进行标记"使之亮显。面板设置为" 修改│放置 窗 　 ⊾ 水平 ∨ 　 标记… │□引线 "。

② 设定"属性"选项卡。在"属性"选项卡中,"类型选择器"中选择"C1-1800×1700mm","底高度"栏设定为"900"。

③ 创建 **C1**。光标移动到①、②轴之间的Ⓐ轴外墙,图元调整合适时单击,生成"C1"→按"ESC"键退出放置命令。

④ 修改 **C1** 位置。选中"C1",出现相应临时尺寸标注,单击需要修改的尺寸,直至符合附录 1 要求→单击"修改"面板中" ⊡ 锁定"。

⑤ 重复上述绘制步骤,完成其他外墙处 C1 绘制,得到如图 3-28 所示界面中相应图元。

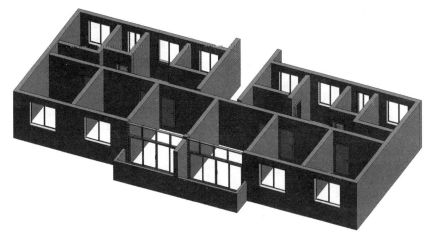

图 3-28

3.3.2　创建其他窗

根据附录 1 中相关数据信息,按"3.3.1.2 创建一层 C1"节中方法、步骤绘制 C2、C3、C5 等,如图 3-28 所示界面中相应图元。其中需要注意事宜如下。

① 绘制窗时,如图 3-29 应实时调整"属性"选项卡中的"底高度"栏数据。

② 当窗的位置在垂直墙上时,面板设置为" 修改|放置窗 ⬚ 垂直 ∨ 标记… □引线 ⊢ 12.7 "。

③ 如果窗的平面视图与附录 1 有差别时,双击窗图元,可对该门窗族进行修改。

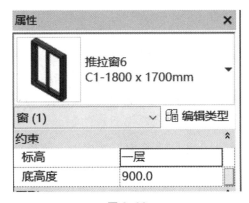

图 3-29

④ 窗全部绘制好后，按"ESC"键退出"修改 | 放置门"选项卡操作。

一层窗构件创建完成后，单击快速访问栏中的"保存██"按钮→单击 "退出" ✗ 按钮，退出住宅楼项目一层窗构件的创建。

3.3.3 创建窗族

窗族和门族一样，属于可载入族，是用户使用族样板在项目外创建的 RFA 文件，可以载入到项目中，具有属性可自定义的特征，是最常见创建和修改的族之一。窗族创建方法如下所述。

（1）选择族样板

如图 3-30（a）所示，单击 Revit 界面左上角"文件"选项卡，弹出"应用程序菜单"→单击"新建"中的"族"选项→弹出"新族 - 选择样板文件"对话框，如图 3-30（b）所示，选择"公制窗"族样板→单击"打开"按钮。

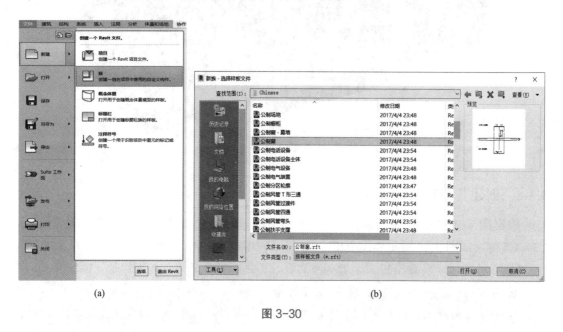

(a)   (b)

图 3-30

（2）进行族参数设置

点击功能区"创建"选项卡→"属性"面板→ "族类型██"工具，弹出"族类型"设置框，点击右侧"新建"命令→在弹出的"名称"对话框中输入"1800*1700mm"族名称→修改"族类型"对话框中"宽度"和"高度"的数值，分别修改宽度值为"1800.0"，高度值为"1700"。如图 3-31 所示。

在"族编辑器"中，点击功能区"管理"选项卡→"设置"→"██对象样式"命令→"模型对象"中将窗类型下的"平面打开方向"中的"截面"线宽改为数值"4"，如图 3-32 所示。

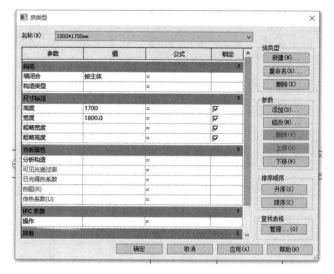

图 3-31

窗	2	2	■ 黑色		
平面打开方向	1	4	■ 黑色		
框架/竖梃	1	3	■ 黑色		

图 3-32

（3）创建窗模型

1）添加参照平面

① 添加垂直参照平面。在已有绘图区域里添加两个垂直参照平面。单击"创建"选项卡→点击基准面板"参照平面 ✐"→工作界面自动切换至" 修改 | 放置 参照平面 "选项卡→单击绘制命令栏里的"直线 ▱"按钮，绘制两个垂直参照平面→单击新建的参照平面→点击"属性"栏中"标识数据"下的"名称"，如图 3-33，分别输入"窗框 - 左""窗框 - 右"→单击功能区" 修改 | 参照平面 "选项卡→单击"基准"面板中的 ✐ "对齐尺寸标注"工具，将"窗框 - 左"和"窗框 - 右"参照平面与族样板中名称为"左"和"右"的参照平面标注上尺寸，宽度为"80"，单击尺寸，激活选项栏→在"标签"下

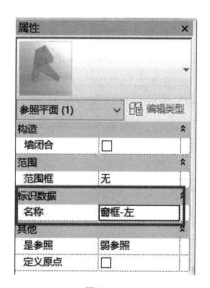

图 3-33

拉列表中选取"添加参数"，在弹出的"参数属性"对话框中，点击参数数据下的"名称"，输入"窗框宽度"，如图 3-34 所示。

② 添加水平参照平面。在已有绘图区域里添加两个水平参照平面。单击"创建"选项卡→点击基准面板"参照平面 ✐"→工作界面自动切换至" 修改 | 放置 参照平面 "选项卡→单击绘制命令栏里的"直线 ▱"按钮，绘制两个水平参照平面→单击新建的参照平

面→点击属性栏中"标识数据"下的"名称",分别输入"窗框-外""窗框-内"→选择"窗框-外"参照平面→单击功能区中的"修改"→"测量"→"对齐尺寸标注" 🖋·→依次点击"窗框-外""窗框-内"→单击尺寸,激活选项栏→在"标签"下拉列表中选取"添加参数",在弹出的"参数属性"对话框中,点击参数数据下的"名称",输入"窗框厚度"→点击功能区"创建"→"属性"→"族类型🗗"工具→在"族类型"对话框中点击"窗框厚度",修改其值为"120",重复"对齐尺寸标注" 🖋·,依次选取"窗框-外""中心(前/后)""窗框-内"参照平面(点击"Tab"键可切换选择对象)→设定值为"60",如图 3-35 所示。

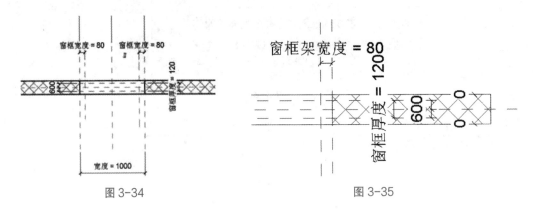

图 3-34   图 3-35

2)创建窗模型

① 绘制外框轮廓。单击"创建"面板→"工作平面"→"设置",在"工作平面"对话框中,按照名称指定新的工作平面——"参照 平面:中心(前/后)",在"内部"立面上绘制外框形状→单击"项目浏览器"→点击"立面"→点击"外部"→单击"创建"选项卡→点击基准面板"参照平面📐"→工作界面自动切换至"修改|放置 参照平面"选项卡→单击绘制命令栏里的"直线📐"按钮,绘制两个水平参照平面→单击新建的参照平面→点击属性栏中"标识数据"下的"名称",分别输入"窗框-上""窗框-下"→选择"窗框-外"参照平面→单击功能区中的"修改"→"测量"→"对齐尺寸标注" 🖋·→点击"窗框-上""水头"参照平面→点击"窗框-下""窗台"参照平面→单击尺寸,激活选项栏→在"标签"下拉列表中选取"窗框宽度"参数→单击功能区中"创建"选项板→单击"形状"面板中的"拉伸"选项→工作界面自动切换至"修改|创建拉伸"→单击绘制面板中的"矩形▢"工具,在绘图区域绘制窗框轮廓并将四边锁定→设置属性栏中拉伸终点为"60",拉伸起点为"-60"→单击"模式"面板上完成编辑模式"✔"按钮,完成拉伸的绘制,如图 3-36(a)所示。

② 绘制窗扇框架轮廓。单击"创建"面板→"工作平面"→"设置",在"工作平面"对话框中,按照名称指定新的工作平面——"参照 平面:中心(前/后)",在"内部"立面上绘制窗扇框形状→单击"项目浏览器"→"立面"→"外部"→单击"创建"选项卡→点击基准面板"参照平面📐"→工作界面自动切换至"修改|放置 参照平面"选项卡→单击绘制命令栏里的"直线📐"按钮,绘制两个水平参照平面和两个垂直参照平

面→单击新建的参照平面→点击属性栏中"标识数据"下的"名称",分别输入"窗扇框-上""窗扇框-下""窗扇框-左""中心-左"→选择"窗扇框-上"参照平面→单击功能区中的"修改"→"测量"→"对齐尺寸标注" ✎·→点击"窗扇框-上""窗框-上"参照平面→点击"窗扇框-下""窗框-下"参照平面→"窗扇框-左""窗框-左"→"中心-左""中心(左/右)"→依次选择新建的四个尺寸,激活选项栏→在"标签"下拉列表中选择"添加"参数→在"参数属性"对话框中,修改参数数据下"名称"为"窗扇框宽度"→点击功能区"创建"→"属性"→"族类型 ⊞"工具→在"族类型"对话框中点击"窗扇框宽度",修改其值为"60"→单击功能区中"创建"选项板→单击"形状"面板中的"拉伸"选项→工作界面自动切换至" 修改|创建拉伸 "→单击绘制面板中的"矩形 ▢"工具,在绘图区域绘制窗框轮廓并将四边锁定→设置属性栏中拉伸终点为"30",拉伸起点为"-30"→单击"模式"面板上完成编辑模式" ✔ "按钮,完成拉伸的绘制,如图3-36(b)所示。

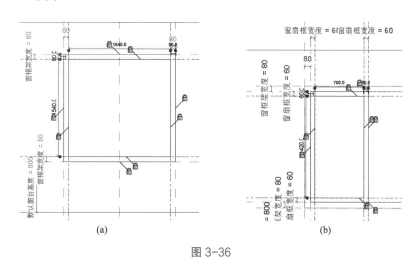

图 3-36

③ 绘制玻璃轮廓。单击"创建"面板下"工作平面"→"设置",在"工作平面"对话框中,按照名称指定新的工作平面——"参照平面:中心(前/后)",在"内部"立面上绘制玻璃形状→单击"项目浏览器"→"立面"→"外部"→单击功能区中"创建"选项→单击"形状"面板中的"拉伸"选项→工作界面自动切换至" 修改|创建拉伸 "→单击绘制面板中的"矩形 ▢"工具,在绘图区域绘制玻璃轮廓并将四边锁定→设置属性栏中拉伸终点为"5",拉伸起点为"-5"→单击"模式"面板上完成编辑模式" ✔ "按钮,完成拉伸的绘制,如图3-37所示。

④ 赋予材质参数。单击"项目浏览器"中"三维视图"下拉列表中的"视图1",切换至三维视图,选择已经创建完成的框架,在"属性"选项板中单击"材质和装饰"→点击"材质"最右侧的关联参数按钮→在弹出的"关联族参数"对话框中点击"添加参数",创建名为"框架材质"的参数,在对话框中选择"框架材质"→选择已经创建完成的玻璃,在"属性"选项板中单击"材质和装饰"→点击"材质"最右侧的关联参数按钮→在弹出的"关联族参数"对话框中点击"添加参数",创建名为"玻璃材质"的参数,在对

话框中选择"玻璃材质",如图 3-38 所示。

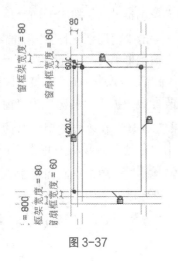
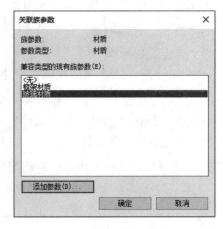

图 3-37　　　　　　　　　　　　　　图 3-38

⑤ 创建其他构件。使用如上所述相同的方法可创建另一半窗构件。

3）创建平面开启线

① 创建水平参照平面。切换至"参照标高"平面→选择"创建"面板"基准"命令栏"参照平面 ",创建两个水平参照平面,与"中心(前 / 后)"参照平面距离设置为"40"并锁定尺寸,如图 3-39 所示。

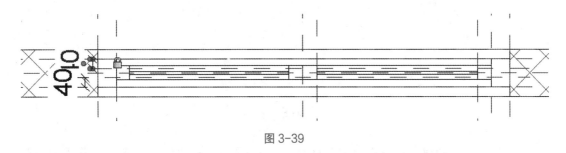

图 3-39

② 绘制平面开启线。单击"注释"选项卡→"详图"面板→"符号线"按钮→点击"绘制"命令栏"矩形 "按钮绘制外边线→点击"直线 "按钮绘制水平线,并与相关参照平面进行锁定,如图 3-40 所示。

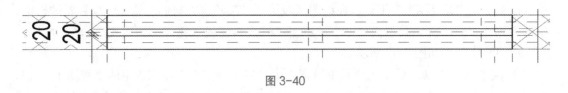

图 3-40

4）图元可见性设置

双击项目浏览器中"三维视图"→"视图 1",界面切换至三维视图→选择所创建的所有构件→单击属性栏"可见性图形替换"→"编辑"→取消勾选"平面 / 天花板平面视图"和"当在平面 / 天花板平面视图中被剖切时(如果类别允许)"两个选项,如图 3-41 所示。

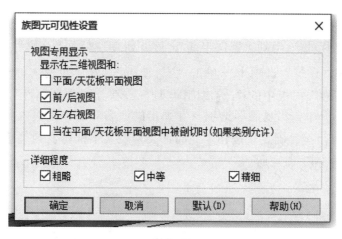

图 3-41

（4）运用窗族

① 保存族文件。单击 Revit 界面左上角"文件"选项→弹出"应用程序菜单"→单击"另存为"中的"族"选项→弹出"另存为"对话框，选择好保存途径，命名为"窗 1800-1700"，按"保存"按钮→回到该族工作界面→单击 "退出" ✖ 按钮，退出"窗 1800-1700.rfa"族的创建。

② 载入族文件。打开"住宅楼项目 .rvt"项目文件，在平面图视图界面，单击功能区"建筑"→单击"门"→单击模式面板中的"载入族"→弹出"载入族"对话框→根据上述保存路径，单击选择"窗 1800-1700.rfa"族文件→按"打开"按钮，回到绘图界面，属性栏中即默认显示了"窗 1800-1700"窗类型，即可按"3.3.1 创建 C1"方法与步骤，把该"窗 1800-1700"创建在住宅楼项目中指定的墙上。

3.4　一层楼地面的创建

楼板是建筑物中重要的水平构件，Revit 中提供了建筑楼板、结构楼板、面楼板和楼板边缘等四个楼板相关的命令。建筑楼板和结构楼板可以在草图模式下通过"拾取墙"或使用"线"工具绘制封闭轮廓来创建；面楼板用于体量楼层；楼板边缘属于 Revit 中的主体放样构件，是通过使用类型属性中指定的轮廓沿所选择的楼板边缘放样生成的带状图元。

打开"3.3 一层窗构件的创建"中的成果——"住宅楼项目 .rvt"项目文件，进入默认 Revit 工作界面，即可进行一层楼地面的创建，具体步骤与方法如下所述。

3.4.1　设定一层楼地面构造参数

楼板属于系统族。要为项目创建楼板，需要通过楼板的类型属性定义项目中楼板的构造。

（1）基本设置

单击"项目浏览器"中的"楼层平面"，展开列表→双击"一层"，进入一层平面视图→单击功能区"建筑"选项卡→单击" 楼板"，展开列表→单击" 楼板：建筑"→单击"属性"面板中的" 编辑类型"→弹出"类型属性"对话框→类型勾选"常规-150"→单击"复制"选项→在弹出的命名对话框里输入名称"楼地面-混凝土垫层-80mm"，按"确定"按钮，此时，类型栏文本框将变为"楼地面-混凝土垫层-80mm"，如图 3-42（a）所示。

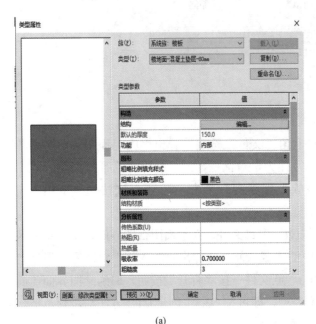

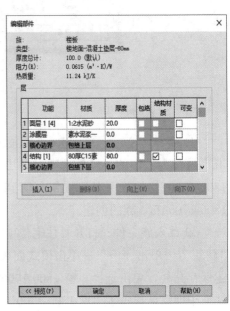

| (a) | (b) |

图 3-42

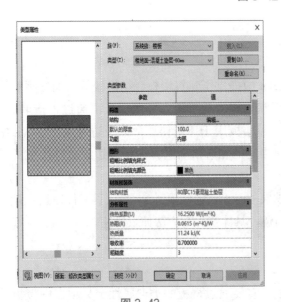

图 3-43

（2）楼地面参数设置

如图 3-42"类型属性"对话框所示，单击类型参数区域中的构造栏"编辑"→在弹出的"编辑部件"对话框中，仿照"3.1.1.1 设定外墙构造参数"中"（2）创建'外墙-240 墙'类型→2）外墙-240 墙参数设置"，参照附录 1 楼地面构造数据信息，设定该对话框，如图 3-42（b）所示。按"确定"按钮，回到"类型属性"对话框，如图 3-43 所示→按"确定"按钮，回到绘图界面。

3.4.2 绘制一层楼地面

（1）启动楼板绘制命令

单击功能区"建筑"选项卡→单击"🔲 楼板",展开列表→单击"🔲 楼板:建筑"命令。

（2）创建"±0.000"功能区楼地面

① 创建矩形功能区地面。单击绘制面板中的"🔲 边界线"选项→单击"🔲 矩形"命令→属性面板及绘图环境面板［如图 3-44（a）］设置→依次捕捉楼地面标高为"±0.000",如辅助房、起居室、卧室、楼梯间等规整矩形区开间和进深墙体轴线的对角点,以左上角到右下角对角点的顺序选择。

② 创建异型功能区地面。此区域为户型中餐厅和走道部位。单击绘制面板中的"🔲 边界线"选项→单击"🔲 线"命令→属性面板及绘图环境面板［如图 3-44（a）］设置。依次捕捉异型区域中墙体纵横轴线相交点,形成闭合区域,以逆时针方向逐一选择交点。

③ 创建楼梯间地面。绘制楼梯间和台阶连接的边界时,绘图环境中"偏移量"修改为"0",其他边界的绘制方法和步骤同②创建异型功能区地面。

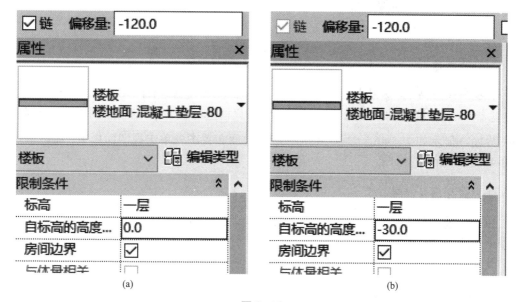

图 3-44

绘制好上述区域边界后,点击模式面板"✔ ┃",创建的楼地面如图 3-45（a）、（b）阴影部分所示。

（3）创建"-0.030"矩形功能区地面

属性面板及绘图环境面板如图 3-44（b）设置（阳台区域绘图环境中的偏移量为 -18,此时对角点为区域内的对角点）。其他同上述"（2）创建'±0.000'功能区楼地面"创建方法。创建的楼地面如图 3-46（a）阴影部分所示。

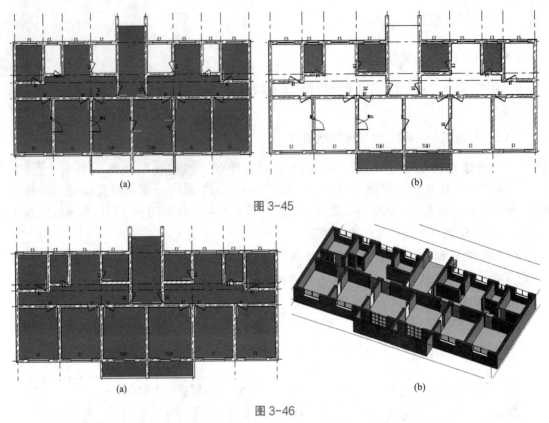

图 3-45

图 3-46

（4）效果显示

在项目浏览器中，双击楼层平面中"一层"视图，框选所有图元→单击选择面板中的"过滤器"，→在弹出的"过滤器"对话框中，只框选楼板，按"确定"按钮，回到一层视图界面，显示如图 3-46（a）所示的一层楼地面布置图→单击视图面板中" "，可得图 3-46（b）所示三维图。

（5）保存项目成果

单击快速访问栏中的"保存 "按钮→单击 "退出" 按钮，退出住宅楼项目一层楼地面的创建。

3.5　台阶和散水的创建

Revit 提供的"楼板"命令中的"楼板边缘"工具是主体放样工具，可以创建室外台阶和散水。本节将为住宅楼项目创建室外台阶以及散水。

3.5.1　创建台阶

打开"3.4 一层楼地面的创建"中的成果——"住宅楼项目 .rvt"项目文件，进入默认 Revit 工作界面，即可进行台阶的创建，具体步骤与方法如下所述。

3.5.1.1　创建台阶轮廓族

（1）选择族样板

如图 3-47（a）所示，单击 Revit 界面左上角"文件"选项→弹出应用程序菜单→单击"新建"中的"族"选项→弹出"新族 - 选择样板文件"对话框，如图 3-47（b）所示，选择"公制轮廓 .rft"族样板。

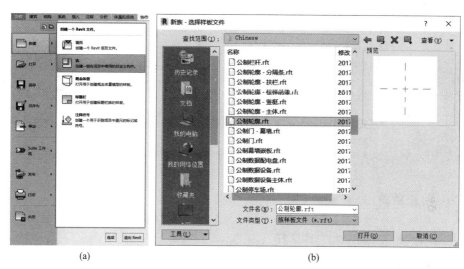

(a) 　　　　　　　　　　(b)

图 3-47

（2）设置材质参数

单击图 3-47（b）中"打开"按钮，进入族编辑器模型→单击功能区"创建"选项卡→单击"属性"面板中的"族类型 🔳"工具，进入"族类型"对话框，如图 3-48（a）所示→单击左侧"参数"中的"添加"按钮→弹出"参数属性"对话框，在"名称"中输入"材质"；"参数类型"选择"材质"，其余内容为默认，如图 3-48（b）所示。依次按"确定"按钮，回到绘图界面。

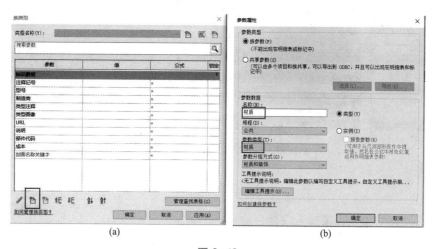

(a) 　　　　　　　　　　(b)

图 3-48

（3）创建族轮廓

单击功能区"创建"选项卡→单击"详图"面板中的"几直线"命令，按照附录1数据信息，绘制如图3-49（a）所示图形。

（4）族文件管理

完成轮廓的绘制后，命名为"室外台阶.rfa"族文件，保存到合适的位置，关闭族文件。

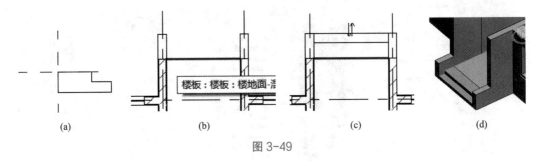

图 3-49

3.5.1.2 创建台阶

（1）载入"室外台阶.rfa"族文件

在住宅楼项目文件界面，单击"项目浏览器"中的"楼层平面"，展开列表→双击"一层"，进入一层平面视图→单击功能区"插入"选项卡→单击从库中载入面板的"载入族"工具，载入上述已经创建好的"室外台阶.rfa"轮廓族。

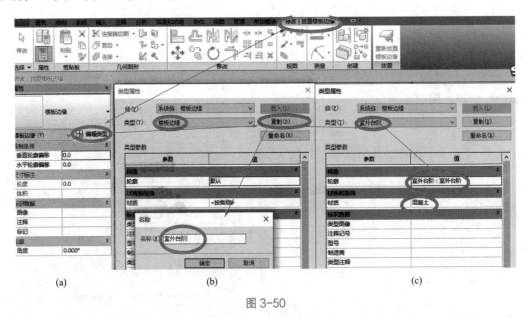

图 3-50

（2）创建住宅楼项目楼梯入口处台阶

① 设定类型属性。单击功能区"建筑"选项卡→单击"楼板"，展开列表→单

击"⬛楼板:楼板边缘"→工作界面自动切换至" 修改 | 放置楼板边缘 "上下文选项卡→单击楼板边缘"类型属性"对话框,如图 3-50(a)所示→复制出名称为"室外台阶"的楼板边缘类型,如图 3-50(b)所示→设置"类型参数"中的"轮廓"为"室外台阶:室外台阶"(上步(1)中载入的轮廓族),修改"材质""值"为"混凝土",如图 3-50(c)所示,单击"确定"按钮,退出"类型属性"对话框。

② 创建住宅楼项目室外台阶。在" 修改 | 放置楼板边缘 "上下文选项卡工作界面中,鼠标靠近楼梯处楼地面边缘,使之亮显,如图 3-49(b)所示,左击鼠标,完成台阶的绘制,得图 3-49(c)、图 3-49(d)(三维)。

注意:为了防止绘制过程中因误操作而使图元被修改,可以框选所有完成图元,在"修改|选择多个"上下文选项卡工作界面中,单击"修改"面板中的"锁定🔒"命令,此时被选中图元显示被锁定,如图 3-51 所示。此时锁定按钮暗显。同样,如果需要修改前面锁定的某图元,可选择该图元,左击🔓"解锁"命令,即可对该图元进行编辑。

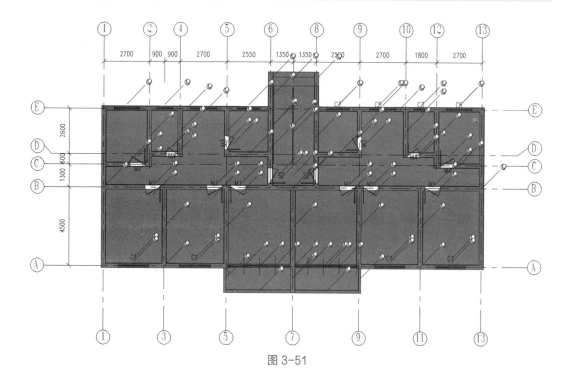

图 3-51

(3)保存项目成果

单击快速访问栏中的"保存💾"按钮→单击"退出"❌按钮,退出住宅楼项目室外台阶的创建。

3.5.2 创建散水

Revit 没有提供专用的散水创建工具,可以通过主体墙饰条工具,利用合适的轮廓族创建散水。本节主要讲述创建散水轮廓,并利用墙饰条和散水轮廓创建住宅楼项目的散水。

打开"3.5.1 创建台阶"中的成果——"住宅楼项目 .rvt"项目文件，进入默认 Revit 工作界面，即可进行散水的创建，具体步骤与方法如下所述。

3.5.2.1 创建散水轮廓族

（1）选择族样板

方法与步骤同"3.5.1.1 创建台阶轮廓族"中"（1）选择族样板"。

（2）创建族轮廓

单击功能区"创建"选项卡→单击"详图"面板中的"直线"命令，按照附录1数据信息，绘制如图 3-52 所示图形，注意在轮廓族中不得有重叠的线→单击"保存"按钮，将该轮廓族命名为"700 宽散水轮廓 .rfa"族文件保存于指定位置→单击功能区"修改"选项卡→单击"族编辑器"面板中的"载入到项目中"工具，将该轮廓族载入到项目中，工作界面将自动切换到住宅楼项目文件。

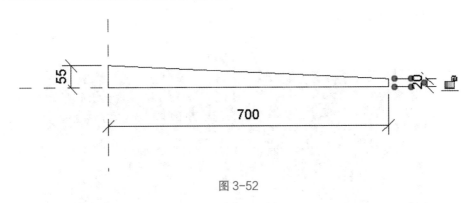

图 3-52

3.5.2.2 创建散水

（1）设定墙饰条类型属性

切换至默认三维视图，单击功能区"建筑"选项卡→单击"构建"面板中"墙"工具下拉列表→单击"墙饰条"工具，进入"修改 | 放置墙饰条"上下文选项卡→打开墙饰条"类型属性"对话框，复制新建名称为"700 宽散水轮廓"的新墙饰条类型，设置"轮廓"为上一步中创建并载入的"700 宽散水轮廓 .rfa"轮廓族，设置"材质"为"混凝土 - 现场浇筑混凝土"，其他参数默认值即可，单击"确定"按钮退出"类型属性"对话框。

（2）创建住宅楼项目散水

沿住宅楼项目外墙底部位置依次单击，Revit 将沿住宅楼外墙底部生成散水→完成按"Esc"键两次退出墙饰条放置格式→切换至地面标高楼层平面视图，完成散水的创建。

> 注意：在生成墙饰条或楼板边缘时，可随时按住并拖曳端点位置的操作夹点修改已生成放样图元的长度，并利用上下文选项卡中"添加/删除段"来添加新的放样路径边缘。对于墙饰条，还可以在生成墙饰条后，利用上下文选项卡中"修改转角"工具修改墙饰条的转角。

至此，完成了住宅楼项目室外台阶与散水轮廓的创建，保存该项目文件。

（3）保存项目成果

单击快速访问栏中的"保存 ▉"按钮→单击 "退出" ✖ 按钮，退出住宅楼项目散水的创建。

 课后作业

创建住宅楼项目一层 BIM 模型（详见附录 1 相关数据信息）。

 课后拓展

1．创建宿舍楼项目一层 BIM 模型（详文件见附录 2 相关数据信息）。
2．创建综合楼项目一层 BIM 模型（详见附录 3 相关数据信息）。

4 二层及标准层 BIM 模型的创建

【项目任务】

创建住宅楼项目的二层及标准层 BIM 模型。

【专业能力】

创建工程项目二层及其标准层 BIM 模型的能力。

【知识点】

Autodesk Revit 二层墙体、门窗创建，楼板设置添加，通过内建模型创建雨篷部分模型。

应用程序菜单：打开、保存。

快速访问栏：默认三维视图、剖面。

上下文选项卡：建筑（楼板、墙、门、窗）、修改。

面板（选项栏）：剪贴板、构建、绘制、修改。

属性选项板：构件类型编辑、底部/顶部约束（偏移）调整。

项目浏览器：楼层平面 – 二层。

视图控制栏：详细程度、显示样式。

绘图区：墙体、楼板、门窗创建。

4.1 二层 BIM 模型的创建

打开"3 一层 BIM 模型的创建"中的成果——"住宅楼项目 .rvt"项目文件，即可进入本章节图元的创建。

本章节将为住宅楼项目创建二层墙体、门窗构件。

4.1.1 创建二层墙体、门窗构件

打开"3 一层 BIM 模型的创建"中的成果——"住宅楼项目 .rvt"项目文件，即可进

入本章节图元的创建。

（1）创建住宅楼项目二层视图

在打开的"住宅楼项目 .rvt"项目文件中的 Revit 默认绘图界面中，单击"项目浏览器"中的"楼层平面"下拉列表栏→双击"一层"（平面视图）→框选内外墙、楼板及其边缘、门窗等所有图元，如图 4-1（a）所示，工作界面自动切换至" 修改 | 选择多个 "上下文选项卡→单击"剪贴板"面板中的" "复制"命令→单击 "粘贴"下拉列表栏→单击" 与选定的视图对齐"，如图 4-1 菜单面板所示→弹出"选择视图"对话框→单击"楼层平面：二层"选项，如图 4-1（b）所示，按"确定"按钮，回到绘图界面。

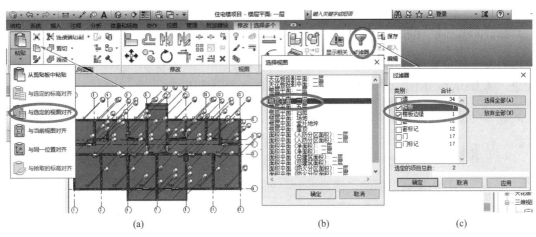

(a)　　　　　　　　　(b)　　　　　　　　　(c)

图 4-1

（2）修改二层视图

单击"项目浏览器"中的"楼层平面"列表栏→双击"二层"（平面视图），此时出现和一层平面视图一样的图元→框选所有图元，显示同图 4-1（a）→工作界面自动切换至" 修改 | 选择多个 "上下文选项卡→单击"选择面板"中的" 过滤器"，弹出"过滤器"对话框，→如图 4-1（c）所示设置"过滤器"对话框，单击"确定"→按"Delete"键删除所选楼板、楼板边缘，结束" 修改 | 选择多个 "上下文选项卡工作面的操作。

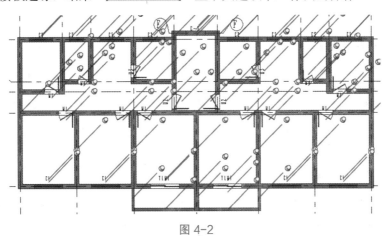

图 4-2

（3）完善楼梯间的墙及门窗

根据附录 1 二层相关数据信息，删除楼梯入口处不需要的墙体，添加楼梯处Ⓕ轴线处外纵墙及其窗图元，修改楼梯间处其他墙体的内外墙属性，横墙为内墙，修改后楼梯间二层平面视图如图 4-2 所示。

完成上述步骤后，框选所有图元，选择"锁定"按钮，如图 4-2 所示。

（4）保存项目成果

单击快速访问栏中的"保存 🖫"按钮→单击 "退出" ✖按钮，退出住宅楼二层墙体、门窗构件的创建。

4.1.2　创建二层楼板

打开"4.1.1 创建二层墙体、门窗构件"的成果——"住宅楼项目 .rvt"项目文件，即可进入本节图元的创建。本节将为住宅楼项目创建二层楼板。

4.1.2.1　设定二层楼板构造参数

（1）基本设置

单击"项目浏览器"中的"楼层平面"列表栏→双击"二层"（平面视图）→单击功能区"建筑"选项卡→单击" 🖳 楼板"列表栏→单击" 🍧 楼板：建筑"→单击"属性"面板中的"编辑类型 🔡" →弹出"类型属性"对话框，类型勾选"常规 -150"→单击"复制"选项，在弹出的"命名"对话框里输入名称"住宅建筑楼板"，按"确定"按钮，此时，类型栏文本框将变为"住宅建筑楼板"。

（2）二层楼板参数设置

在"类型属性"对话框中，单击类型参数区域构造栏中的"编辑"工具→弹出"编辑部件"对话框，仿照"3.1.1.1 设定外墙构造参数"方法，参照附录 1 楼板构造数据信息，设定该对话框，按"确定"按钮回到"类型属性"对话框，按"确定"按钮，回到绘图界面。

4.1.2.2　创建二层楼板

（1）启动楼板绘制命令

单击"项目浏览器"中的"楼层平面"列表栏→双击"二层"（平面视图）→单击功能区"建筑"选项卡→单击" 🖳 楼板"列表栏→单击" 🍧 楼板：建筑"命令→单击"绘制"面板中的" 🛝 边界线"选项→单击"直线 🖊"命令，界面将自动切换至" 修改|创建楼层边界 "工作面。

（2）创建"0.0"功能区楼板

属性面板及绘图环境面板如图 4-3（a）所示设置→按照附录 1 建筑施工图数据信息，依次捕捉二层视图中内外墙轴线间交点（楼梯间处楼板边缘，需要根据楼梯二层楼层平台的具体尺寸进行绘制），全部区域绘制结束后，双击"Esc"键，结束绘制→单击"模式"面板中的"✔"命令→单击"Esc"键，创建完成二层楼板，切换至默认工作面。所创建楼板如图4-4阴影部分所示。

（3）创建"–30.0"功能区楼板

属性面板及绘图环境面板如图4-3（b）设置（绘制阳台楼板时，绘图环境面板中偏移量根据需要进行设置，以使楼板伸入至外纵墙轴线、阳台栏板结构层外延线）。

创建方法、步骤同上述"（2）创建'0.0'功能区楼板"。创建楼板如图4-5阴影部分所示。

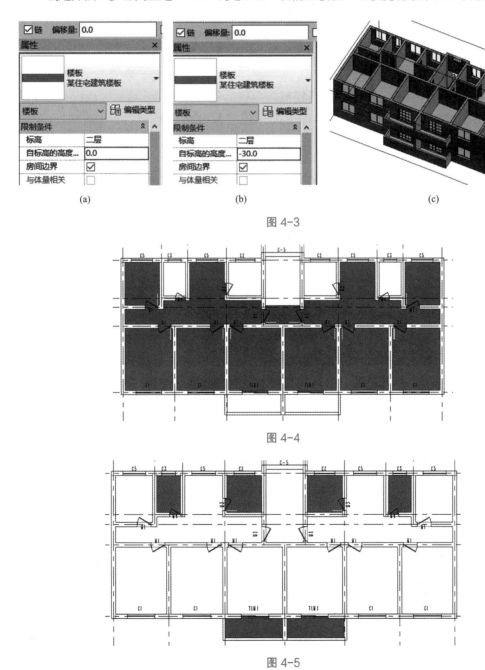

(a)   (b)   (c)

图 4-3

图 4-4

图 4-5

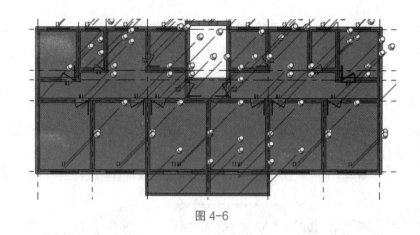

图 4-6

（4）效果显示

选择上述"（2）创建'0.0'功能区楼板""（3）创建'-30.0'功能区楼板"创建的楼板图元及其二层视图中的墙、门窗图元，单击"修改"面板中" ⊷ 锁定"，结果如图 4-6 所示。选择视图面中"🗔"，得图 4-3（c）所示住宅楼项目一层、二层三维视图。

（5）保存项目成果

单击快速访问栏中的"保存 💾"按钮→单击 "退出" ✖️按钮，退出住宅楼项目二层楼板的创建。

4.1.3 创建雨篷

打开"4.1.2.2 创建二层楼板"的成果——"住宅楼项目 .rvt"项目文件，进入 Revit 默认工作界面，即可进入住宅楼雨篷图元的创建。

4.1.3.1 创建雨篷板

雨篷板使用"迹线屋顶"工具创建。具体操作如下所述。

（1）启动绘制环境

① 切换工作面。单击"项目浏览器"中的"楼层平面"列表栏→双击"二层"（平面视图）→单击功能区"建筑"选项卡→单击"屋顶📐"列表栏→单击"迹线屋顶📐"命令→工作面自动切换至" 修改 | 创建屋顶迹线 "上下文选项卡。

② 设置属性面板。具体设置如下：底部标高为"二层"，自标高的底部偏移为50，坡度为0。

（2）创建雨篷板

① 启动命令。单击"绘制"面板中的" 边界线"选项→单击 "直线📐"命令。

② 创建雨篷板。根据附录1的材料要求，创建"某住宅楼建筑雨篷板"屋顶类型→据其具体位置、尺寸，创建雨篷轮廓线。创建时，根据不同段，修改绘图环境中的偏移量，左、右、下边以雨篷板下左、右、下墙的轴线为轨迹，偏移量为120，上边偏移量为0。

所得雨篷板如图 4-7（a）所示→单击"模式"面板中的"完成编辑模式✔"，结束操作。

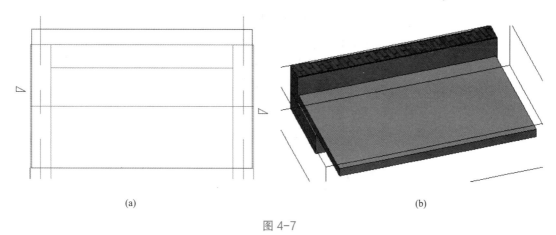

(a)   (b)

图 4-7

4.1.3.2 创建雨篷栏板

可通过"内建模型"来创建雨篷栏板。具体操作如下所述。

（1）创建"内建模型"绘图环境

单击雨篷板→单击视图面板中的"选择框📦"，工作界面显示如图 4-7（b）→单击功能区"建筑"选项卡→单击"构件"列表栏→单击"📋内建模型"工具→弹出的"族类型和族参数"对话框中，如图 4-8（a）所示，勾选"建筑"过滤器列表下的"常规模型"族类别，按"确定"按钮→弹出的"名称"对话框，名称输入"住宅楼雨篷栏板"，按"确定"，工作界面自动切换至"创建"上下文选项卡。

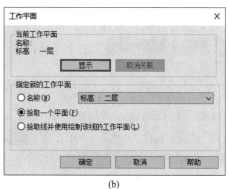

(a)   (b)

图 4-8

（2）设置工作平面

单击功能区"创建"选项卡→单击形状面板中的"放样🔲"命令→工作界面自动切换至"　修改|放样　"上下文选项卡→单击"工作平面"面板中的"设置🔲"工具→弹出"工作平面"对话框，对话框具体设置如图 4-8（b）所示，按"确定"按钮，回到三维视图→光标移动到雨篷下表面，如图 4-9（a）所示，高亮显示后单击鼠标。

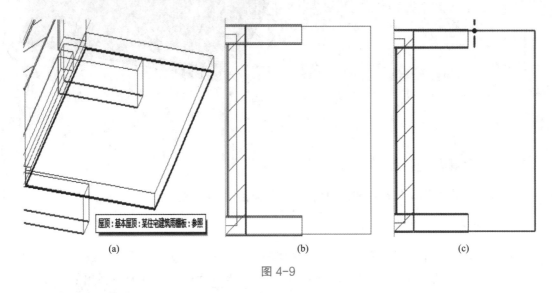

屋顶：基本屋顶：某住宅建筑雨棚板：参照

（a）　　　　　　　　　　（b）　　　　　　　　　　（c）

图 4-9

（3）设置绘制路径

单击"　修改|放样　"选项卡，工作界面由"　放置　线　"自动切换至"　修改|放样　"上下文选项卡→设定界面中🔲三维视图为"上🔲"视图，雨篷板视图如图 4-9（b）所示→单击"放样"面板中的🔲"绘制路径"命令→工作界面自动切换至"　修改|放样 > 绘制路径　"上下文选项卡→单击"绘制"面板中的"直线🔲"命令→沿如图 4-9（b）所示的雨篷板边线（上边、右边、下边）绘制栏板路径，得图 4-9（c）→单击"模式"面板中的"完成编辑模式✔"结束路径绘制，回到"　修改|放样　"选项卡工作界面。

（4）创建内建模型轮廓

①设定创建环境。选择"放样"面板中"🔲编辑轮廓"命令，工作界面自动切换至"　修改 | 放样 > 编辑轮廓　"上下文选项卡→单击项目浏览器中"立面视图"列表栏→双击"北"立面视图。

② 创建内建模型。单击"绘制"面板中的"直线🔲"命令，根据附录 1 雨篷栏板的具体尺寸创建栏板断面，如果图 4-10（a）所示→单击"　修改|放样 > 编辑轮廓　"选项卡"模式"面板中的"✔"→单击"　修改|放样　"选项卡"模式"面板中的"完成编辑模式✔"→单击"　修改|放样　"选项卡在位编辑器面板中的"完成模型✔"→设定界面中"上🔲"三维视图为"🔲"视图，得如图 4-10（b）所示的雨篷效果图，工作界面自动切换至"修改"上下文选项卡→单击"几何图形"面板中的"🔲连接"命令，依次

选择雨篷板、雨篷栏板，可使其连接表面光滑，如图 4-10（c）所示。

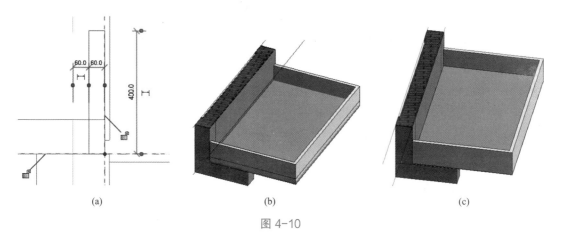

<table>
<tr><td>（a）</td><td>（b）</td><td>（c）</td></tr>
</table>

图 4-10

（5）保存项目成果

单击快速访问栏中的"保存 ![保存图标] "按钮→单击 "退出" ✖按钮，退出住宅楼项目雨篷栏板的创建。

4.2　标准层 BIM 模型的创建

打开"4.1 二层 BIM 模型的创建"中的成果——"住宅楼项目 .rvt"项目文件，即可进入本节图元的创建。

建筑标准层 BIM 建模可用已有楼层 BIM 模型进行创建，具体如下所述，步骤如图 4-11 所示。

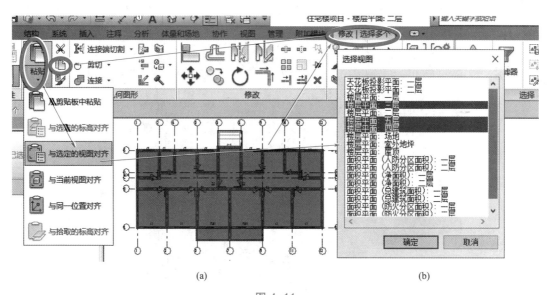

<table>
<tr><td>（a）</td><td>（b）</td></tr>
</table>

图 4-11

（1）创建标准层基本 BIM 模型

框选"住宅楼项目 .rvt"项目文件中二层所有图元，如图 4-11（a）阴影部分，工作面自动切换至" 修改 | 选择多个 "上下文选项卡→单击"剪贴板"面板中的"复制到剪贴板 "命令→单击"剪贴板"面板中的"粘贴 "下拉列表栏→"单击 与选定的视图对齐 "工具→按如图 4-11（b）所示设置"选择视图"面板→按"确定"按钮结束操作，得到和框选的二层视图同样图元的三层、四层、五层视图。

（2）完善标准层 BIM 模型

根据附录 1 中的数据信息，添加楼梯间窗户。经完善后，标准层楼梯间平面视图及三维视图由图 4-12（a）修改为图 4-12（b）。此时，一到五层的三维视图如图 4-13 所示。

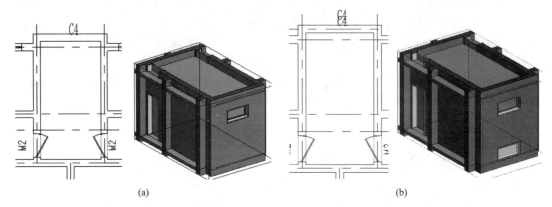

(a)   (b)

图 4-12

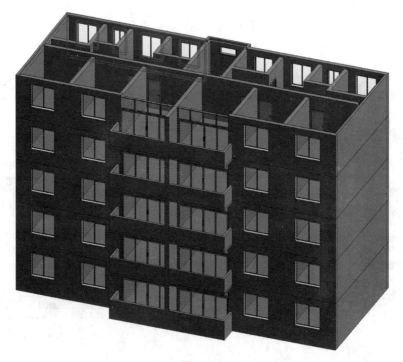

图 4-13

（3）保存项目成果

单击快速访问栏中的"保存█"按钮→单击 "退出" ✕按钮，退出住宅楼项目标准层 BIM 模型的创建。

 课后作业

创建住宅楼项目二层及标准层 BIM 模型（详见附录 1 相关数据信息）。

 课后拓展

1．创建宿舍楼项目二层及标准层 BIM 模型（详见附录 2 相关数据信息）。
2．创建综合楼项目二层及标准层 BIM 模型（详见附录 3 相关数据信息）。

5 | 屋顶 BIM 模型的创建

【项目任务】

创建住宅楼项目的屋顶 BIM 模型，使用内建模型进行构建制作。

【专业能力】

创建工程项目屋顶 BIM 模型的能力，使用内建模型构建模型的能力。

【知识点】

Autodesk Revit 屋顶轴网墙体添加，屋顶模型创建，内建模型创建构建。

应用程序菜单：打开、保存。　　　　　属性选项板：底部约束、顶部约束。

快速访问栏：默认三维视图。　　　　　项目浏览器：楼层平面 – 屋顶层。

上下文选项卡：建筑 – 屋顶。　　　　　视图控制栏：详细程度、显示样式。

面板（选项栏）：过滤器、剪贴板的　　　绘图区：绘制屋顶层边界。
应用。

5.1　屋顶轴网的创建

打开"4 二层及标准层 BIM 模型的创建"中的成果——"住宅楼项目 .rvt"项目文件，即可进入本节图元的创建。

（1）过滤图元

双击项目浏览器中的"五层"平面视图→框选所有图元，如图 5-1（a）所示→单击"选择"面板中的"过滤器" 工具，工作界面自动切换至" 修改 | 选择多个 "上下文选项卡→弹出"过滤器"对话框，按如图 5-1（c）所示设置对话框，按"确定"按钮→界面出现只选择了轴线的五层平面视图，如图 5-1（b）阴影部分所示。

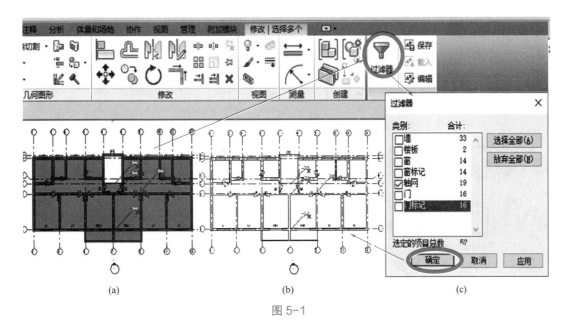

图 5-1

（2）创建屋顶轴网

接上述（1）步骤，单击"剪贴板"面板中的"复制到剪贴板[icon]"命令→单击"剪贴板"面板中的"[icon]粘贴"列表栏→单击[icon]"与选定的标高对齐"工具→弹出"选择标高"对话框，单击对话框中"屋顶"选项，按"确定"按钮→双击项目浏览器中的"屋顶"平面视图，出现如图 5-2（a）所示屋顶平面视图。

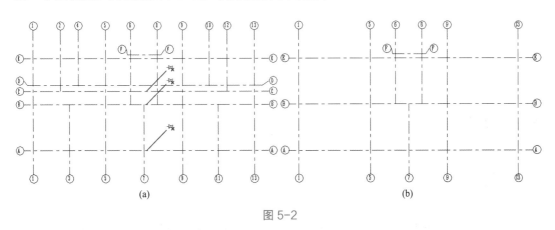

图 5-2

（3）完善屋顶轴网。

① 完善①轴～⑬轴线。双击项目浏览器中的"南立面"视图，如图 5-3（a）所示。根据附录 1 屋顶平面图所示轴线，修改轴线显示楼层，具体方法、步骤同"2.2.1 创建一层平面视图轴网→（4）完善轴网"节所述。得图 5-3（b）所示屋顶南立面①轴到⑬轴视图，其中②轴、③轴、④轴、⑩轴、⑪轴、⑫轴拉至屋顶（标高 15.000 以下某位置）。

② 完善Ⓐ轴～Ⓕ轴线。双击东立面视图，具体方法、步骤同"①完善①轴～⑬轴线"所述。

双击项目浏览器中的"屋顶"平面视图，得到如图 5-2（b）所示屋顶轴网。

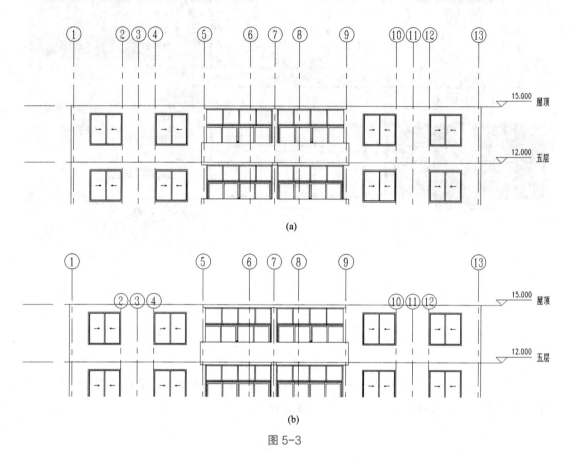

(a)

(b)

图 5-3

（4）保存项目成果

单击快速访问栏中的"保存 ⊟ "按钮→单击 "退出" ✗ 按钮，退出住宅楼项目屋顶轴网的创建。

5.2　屋顶墙体的创建

打开"5.1 屋顶轴网的创建"中的成果——"住宅楼项目 .rvt"项目文件，即可进入本节图元的创建。

双击项目浏览器中的"屋顶"平面视图→单击功能区"建筑"选项卡中的" 🗁 墙"下拉列表→单击" 🗁 墙：建筑"命令→属性及绘图环境面板如图 5-4 所示设置→根据附录 1 中的数据信息，沿着相应轴线绘制高 500mm 的女儿墙。框选图 5-4（a）中的图元→工作界面自动切换至" 修改 | 选择多个 "上下文选项卡→单击视图面板中的"选择框 🗄 "，其三维视图如图 5-4（b）所示。

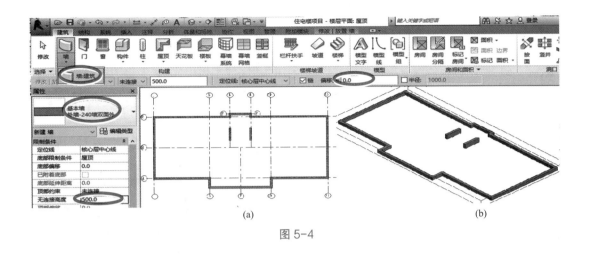

图 5-4

5.3 屋顶楼板的创建

在 Revit 中，可以直接使用建筑楼板来创建简单的平屋顶。此外，Revit 还提供了迹线屋顶、拉伸屋顶和面屋顶等专门的工具，用于创建各种形式的复杂屋顶。其中迹线屋顶是常用的工具，使用方式与楼板类似，即通过在平面视图中绘制屋顶的投影轮廓边界的方式创建屋顶，并在迹线中指定屋顶坡度，形成复杂的坡屋顶。本节将运用建筑楼板来创建住宅楼项目的屋顶。

打开"5.2 屋顶墙体的创建"中的成果——"住宅楼项目 .rvt"项目文件，即可进入本节图元的创建。

5.3.1 设定屋顶楼板构造参数

（1）选择工具

双击浏览器中的"屋顶"平面视图→单击功能区"建筑"选项卡中的" 楼板"下拉列表→单击" 楼板：建筑"选项，工作界面自动切换至" 修改 | 创建楼层边界 "上下文选项卡。

（2）设定属性

单击"属性"面板中的" 编辑类型"→勾选"类型属性"对话框中的"某住宅建筑楼板"→单击"复制"→在弹出的名称对话框中命名为"某住宅楼屋顶楼板"→在类型参数构造区域中，单击"结构"栏中的"编辑 ..."→根据附录 1 屋顶楼板构造（不包括面层）设定某住宅楼屋顶楼板→依次单击"确定"→回到"屋顶"平面视图界面。

5.3.2 创建屋顶楼板

在" 修改 | 创建楼层边界 "上下文选项卡工作界面，单击"绘制"面板中的" 边界线"→

单击"直线 $\boxed{/}$"命令→如"$\boxed{☑链\quad 偏移量:0.0}\qquad\boxed{□半径:\ 1000.0}$"设置绘图环境,沿着外墙轴线绘制屋顶楼板边界(阳台处尺寸根据附录 1 输入相应的绘制长度),得同图 5-5(a)所示楼板边缘→单击"模式"面板中的"完成编辑模式 $\checkmark$"得图 5-5(b)→工作界面自动切换至"$\boxed{修改|楼板}$"上下文选项卡→单击"$\boxed{视图}$"面板中的"选择框 $\blacksquare$",得屋顶楼板三维视图如图 5-5(c)。

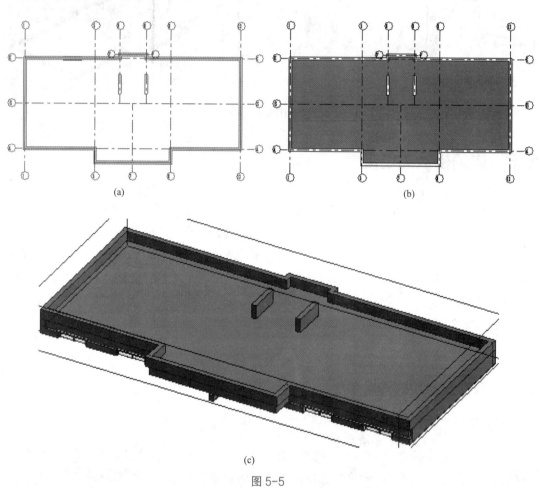

(a)　　　　　　　　　　　　　(b)

(c)

图 5-5

单击快速访问栏中的"保存 $\boxed{■}$"按钮→单击"退出 $✕$ 按钮,退出住宅楼项目屋顶楼板的创建。

5.4　屋顶面层的创建

Revit 除了可以直接使用建筑楼板来创建简单的平屋顶外,还提供了迹线屋顶、拉伸屋顶和面屋顶等专门的工具,用于创建各种形式的复杂屋顶。其中迹线屋顶是常用的工具,使用方式与楼板类似,即通过在平面视图中绘制屋顶的投影轮廓边界的方式创建屋顶,并在迹线中指定屋顶坡度,形成复杂的坡屋顶。本节将运用迹线屋顶工具来创建住宅楼项目的屋顶面层。

打开"5.3 屋顶楼板的创建"中的成果——"住宅楼项目 .rvt"项目文件，即可进入本节图元的创建。

5.4.1 设定屋顶面层构造参数

（1）设置参照平面

双击项目浏览器中的"屋顶"平面视图→单击功能区"建筑"选项卡→单击"构件"面板中的"屋顶 ⬚"下拉列表→单击"轨迹屋顶 ⬚"→工作界面自动切换至"修改 | 创建屋顶迹线"上下文选项卡→单击"工作平面"面板中的"参照平面"⬚→工作界面自动切换至"放置 参照平面"上下文选项卡→单击"绘制"面板中的"拾取线 ⬚"，分别选择Ⓐ轴线、Ⓔ轴线，根据附录 1 相关数据信息，确定偏移量，绘制如图 5-6 所示参照平面（参照平面与屋顶楼板的交线将是檐沟轨迹线）。

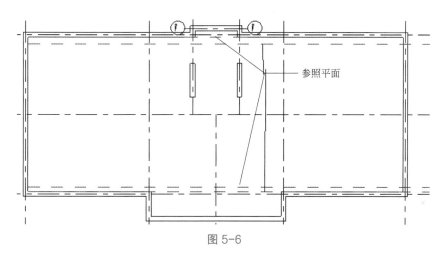

参照平面

图 5-6

（2）设定属性面板参数

工作界面切换至"修改 | 创建屋顶迹线"上下文选项卡→单击绘制面板中"边界线"命令→单击"属性"面板中的"辑类型编 ⬚ 编辑类型"→勾选"类型属性"对话框中"架空隔热保温屋顶"→单击"复制"按钮→确定名称为"某住宅楼屋面"，按"确定"按钮→在"类型参数"的"构造"区域中，单击"结构"栏中的"编辑 ..."→弹出"编辑部件"对话框，根据附录 1 屋顶楼板构造，设定某住宅楼屋顶面层，如图 5-7 所示进行设定→依次单击"确定"→回到"屋

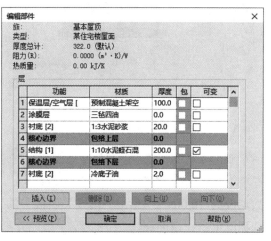

	功能	材质	厚度	包	可变
1	保温层/空气层 [	预制混凝土架空	100.0	☐	☐
2	涂膜层	三毡四油	0.0	☐	☐
3	衬底 [2]	1:3水泥砂浆	20.0	☐	☐
4	核心边界	包络上层	0.0		
5	结构 [1]	1:10水泥蛭石混	200.0	☐	☑
6	核心边界	包络下层	0.0		
7	衬底 [2]	冷底子油	2.0	☐	☐

编辑部件
族：　　　基本屋顶
类型：　　某住宅楼屋面
厚度总计：322.0（默认）
阻力(R)：0.0000（m²·K）/W
热质量：0.00 kJ/K
层

插入(I)　删除(D)　向上(U)　向下(O)

《 预览(P)　确定　取消　帮助(H)

图 5-7

顶"平面视图界面。

5.4.2 创建屋顶面层

（1）创建屋顶面层

单击功能区"｜修改｜创建屋顶迹线｜"选项卡→单击绘制面板中"｜边界线｜"工具→单击"直线｜/｜"命令→根据附录 1 相关数据，绘制如图 5-8 所示屋顶面层轨迹线→单击"模式"面板中的"完成编辑模式 ✔"，得图 5-9（a）→单击视图面板中的"选择框 🔲"，得三维视图 5-9（b）。

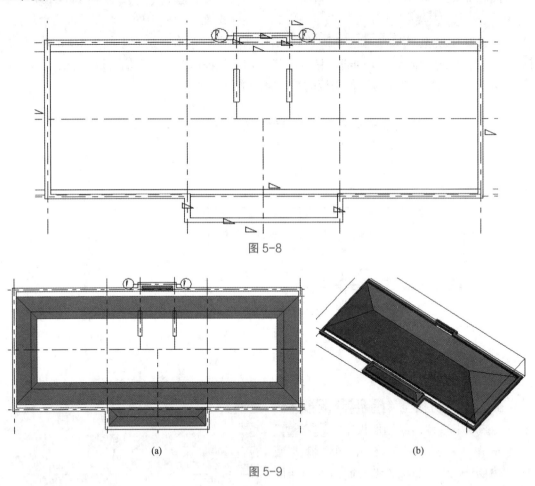

图 5-8

图 5-9

（2）完善屋顶面层

双击项目浏览器"屋顶"平面视图→框选所绘制三个区域坡屋顶→单击"｜修改｜屋顶｜"选项卡→单击"｜模式｜"中的"编辑迹线 ✏"，修改"属性"面板中尺寸标注，坡度默认度数均改为"0.00"→单击"模式"面板中的"完成编辑模式 ✔"→选择"｜修改｜屋顶｜"选项→单击"｜形状编辑｜"中的"🔲 添加分割线"→根据附录 1 的要求，添加分水线，修改三个区域中分割线各自起坡后的高度，单击鼠标右键，选择"取消"命令，回到"建筑"选项卡界面，如图 5-10 所示。

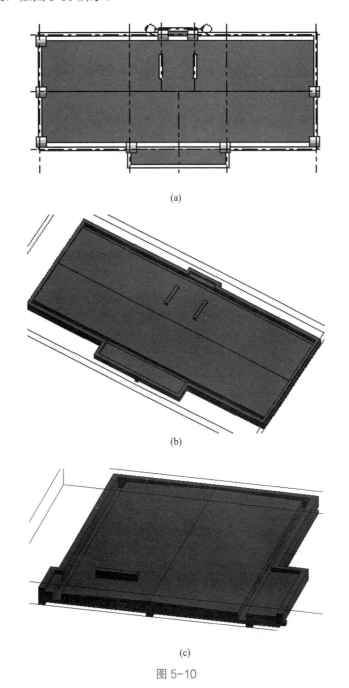

(a)

(b)

(c)

图 5-10

（3）效果显示

框选所创建的屋顶面层→单击视图面板中的"选择框 🔲 "，得三维视图 5-10（b）、建筑起坡的断面图 5-10（c）。

（4）保存项目成果

单击快速访问栏中的"保存 "按钮→单击 "退出" 按钮，退出住宅楼项目屋顶面层的创建。

5.5 水箱及上人孔的创建

5.5.1 创建水箱

打开"5.4 屋顶面层的创建"中的成果——"住宅楼项目 .rvt"项目文件，即可进入本节图元的创建。

水箱可以用内建模型创建，具体操作如下所述。

（1）创建"内建模型"绘图环境

单击功能区"建筑"选项卡→单击"构建"面板中的"构件 ![图标]"列表栏→单击"内建模型 ![图标]"工具→弹出"族类别和族参数"对话框→如图 5-11（a）所示，过滤器列表中选择"建筑"、然后选择"常规模型"→弹出的"名称"对话框中，命名为"某住宅楼水箱"，并按"确定"按钮，此时工作界面自动切换至"创建"上下文选项卡。

（2）设置工作平面

双击项目浏览器中的"南立面"视图→单击"建筑"选项卡→单击"工作平面"面板中的 "参照平面 ![图标]"→在南立面视图中，绘制水箱底部的标高参考面→单击"建筑"选项卡→单击"工作平面"面板中的"设置 ![图标]"工具→弹出"工作平面"对话框，按如图 5-11（b）所示设置对话框中内容，点击"确定"按钮→命令行出现提示"指定新的工作平面"，选择"拾取一个平面（P）"，拾取之前操作中在南立面绘制的平面。

(a)

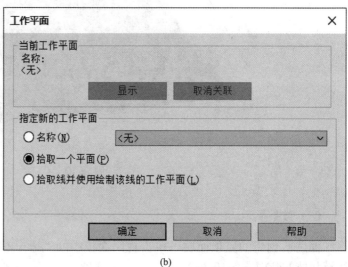

(b)

图 5-11

（3）创建水箱

双击浏览器中的"屋顶"平面视图→选择功能区"建筑"选项卡→单击"形状"面板中的"拉伸▊"选项→工作界面自动切换至"修改 | 创建拉伸"上下文选项卡→单击"绘制"面板中的"矩形▭"命令→"属性"面板中，拉伸终点为设为"0.0"、拉伸起点设为"120"，绘制水箱底板，如图 5-12（a）所示→单击"模式"面板中的"完成编辑模式✔"，得图 5-12（b）所示水箱底板图元。

根据附录 1 中水箱的具体尺寸，绘制水箱的侧板及顶盖 ［图 5-12（b）］、入口 ［图 5-13（a）］。

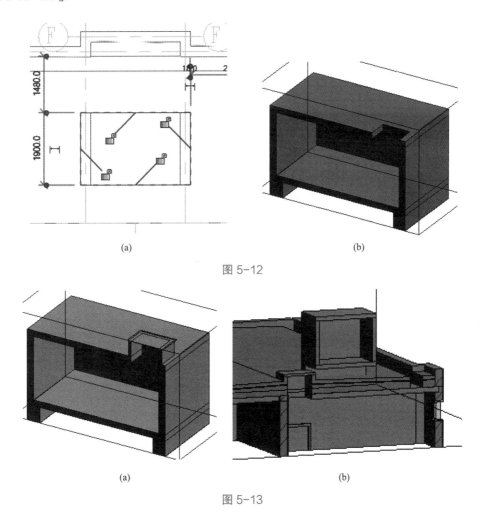

(a)　　　　　　　　　　(b)

图 5-12

(a)　　　　　　　　　　(b)

图 5-13

5.5.2　创建上人孔

参照附录 1 相关数据，根据"5.5.1 创建水箱"所述的方法、步骤，运用内建模型创建上人孔，得到图 5-13（b）。

单击快速访问栏中的"保存▊"按钮→单击"退出"✕按钮，退出住宅楼项目水箱及上人孔的创建。

课后作业

创建住宅楼项目屋顶 BIM 模型（详见附录 1 相关数据信息）。

课后拓展

1. 创建宿舍楼项目屋顶 BIM 模型（详见附录 2 相关数据信息）。
2. 创建综合楼项目屋顶 BIM 模型（详见附录 3 相关数据信息）。

6 楼梯间 BIM 模型的创建

【项目任务】
创建住宅楼项目楼梯间的 BIM 模型,并完成洞口制作。

【专业能力】
创建工程项目楼梯间 BIM 模型的能力。

【知识点】
Autodesk Revit 楼梯创建,掌握楼梯命令使用方法,洞口添加制作。

应用程序菜单:打开、保存。

快速访问栏:默认三维视图、剖面。

上下文选项卡:建筑。

面板(选项栏):楼梯坡道面板、工作平面、绘制、洞口。

属性选项板:楼梯的"踏步、踢面、踢面类型、梯边梁"参数调整、限制条件、尺寸参数、剖面框。

项目浏览器:楼层平面。

视图控制栏:精细、真实。

6.1 一层楼梯间的创建

打开"5 屋顶 BIM 模型的创建"中的成果——"住宅楼项目 .rvt"项目文件,即可进入本节图元的创建。

使用"楼梯"工具,可以在项目中添加各种样式的楼梯。在 Revit 中,楼梯由楼梯和扶手两部分构成,在绘制楼梯时,Revit 会沿楼梯自动放置指定类型的扶手。与其他构件类似,需要通过楼梯的"类型属性"对话框定义楼梯的参数,从而生成指定的楼梯模型。

打开一层楼层平面视图,选择"建筑"→"楼梯坡道"面板中" 楼楼"→" 楼梯(按草图)"命令,选择" 修改 | 创建楼梯草图 "→"工作平面"面板" 参照平面"→"绘制"面板" 拾取线",分别以⑥轴、Ⓑ轴为参照线,偏移量分别为720mm、1400mm,绘制如图 6-1(a)所示参考平面,选择" 修改 | 创建楼梯草图 "→"绘图"面

板"▦梯段"→"▱直线"命令，依据附录1信息，按图6-1（b）所示设置"属性"面板→如图6-1（c）所示，修改"计算规则"参数分组中的"踏步深度最小踏板深度"值为"260.0"→"踏板"参数分组中"楼梯前缘轮廓"为默认→修改"计算规则"参数分组中"最大踢面高度"为"180.0"，在"踢面"参数分组中，勾选"开始于踢面"和"结束于踢面"→设置"踢面类型"为"直梯"→"踢面至踏板连接"为"踏板延伸至踢面下"→设置"梯边梁"参数分组中的"在顶部修剪梯边梁"方式为"匹配标高"，完成后单击"确定"，退出"类型属性"对话框→在"属性"面板中确认"限制条件"中的"底部标高"为一层，"顶部标高"为二层→设置"尺寸标注"参数分组中的楼梯"宽度"，绘制如图6-1（d）所示一层梯段，点击模式面板"✔"结束一层梯段绘制→选中楼梯，点击绘图面板"选择框▱"→打开其三维视图，删除靠墙一边栏杆，其三维效果图如图6-1（e）所示。

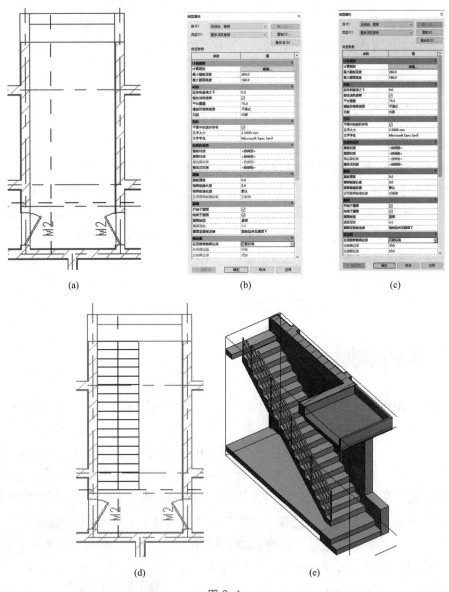

（a）　　　　　　　　　（b）　　　　　　　　　（c）

（d）　　　　　　　　　（e）

图 6-1

6.2 标准层楼梯间的创建

打开"6.1 一层楼梯间的创建"中的成果——"住宅楼项目 .rvt"项目文件，即可进入本节图元的创建。具体方法和步骤如上述一层楼梯间的创建，绘制过程中所创建的参考平面、楼梯平面图、楼梯三维图如图 6-2（a）、（b）、（c）所示。

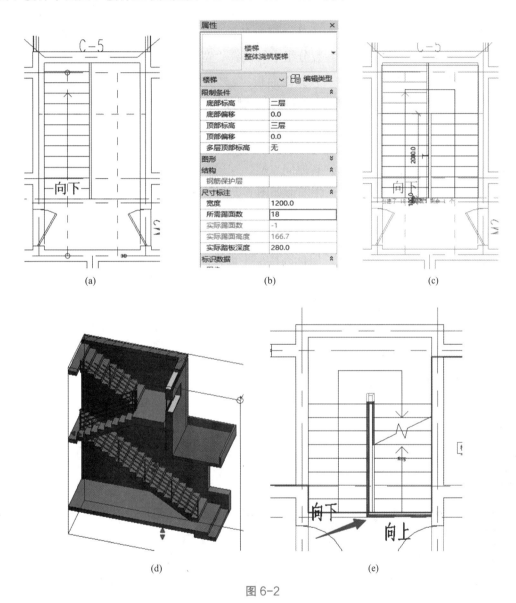

(a) (b) (c)

(d) (e)

图 6-2

双击打开二层楼层平面视图，选择"建筑"→"楼梯坡道"面板中" 楼楼"→" 楼梯（按草图）"命令，选择" 修改 | 创建楼梯草图 "→"工作平面"面板" 参照平面"→"绘制"面板" 拾取线"，分别以⑧轴、Ⓑ轴为参照线，偏移量设置分别为720mm、1400mm，绘制如图 6-2（a）所示参考平面，选择" 修改 | 创建楼梯草图 "→"绘

图"面板"⊞梯段"→"▱直线"命令，依据附录 1 信息，按图 6-2（b）所示设置"属性"面板→如图 6-1（c）所示，修改"计算规则"参数分组中的"最小踏板深度"为"260.0"→"踏板"参数分组中"楼梯前缘轮廓"为默认→在"计算规则"参数分组中，设置"最大踢面高度"为"180.0"，并勾选"开始于踢面"和"结束于踢面"→设置"踢面类型"为"直梯"→"踢面至踏板连接"为"踏板延伸至踢面下"→设置"梯边梁"参数分组中的"在顶部修剪梯边梁"方式为"匹配标高"，完成后单击"确定"，退出"类型属性"对话框→在"属性"面板中确认"限制条件"中的"底部标高"为二层，"顶部标高"为三层→设置"尺寸标注"参数分组中的楼梯"宽度"，修改其值为"1200"。绘制如图 6-2（c）所示二层梯段，点击"模式"面板"✔"结束二层梯段绘制→选中楼梯，点击绘图面板"选择框🖰"→打开其三维视图，删除靠墙一边栏杆，其三维效果图如图 6-2（d）所示。

三层、四层楼梯的创建方法和步骤参照二层楼梯进行。第四层楼梯间的创建，需要增加水平护栏，如图 6-2（e）所示，其他同二层、三层。

最后删除参考平面。楼梯间三维图形如图 6-2（d）所示。

由于在绘制楼板时并未预留楼梯间的洞口，接下来，分别介绍采用"竖井洞口"工具为楼梯间的楼板添加洞口。

如图 6-3（a）所示，切换至二层标高楼层平面视图，单击"建筑"选项卡→"洞口"面板中"竖井"按钮→进入创建竖井洞口模式→在"属性"对话框中"底部约束"选择为"一层"，"顶部约束"选择为"直到标高：五层"→单击"绘制"面板中的"边界线"→选择绘制方式为"直线"，如图 6-3（b）所示→移动光标至右侧楼梯间并沿楼板边界绘制洞口边界，使其首尾相连，结果如图 6-3（c）所示。

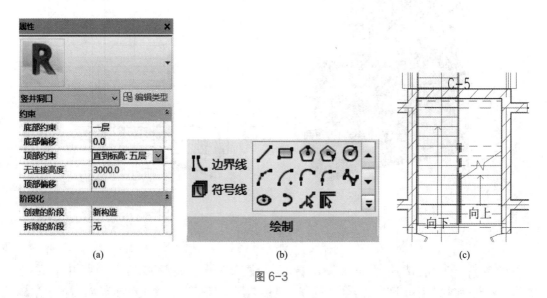

图 6-3

单击上下文关联选项卡"模式"面板中"完成编辑模式"按钮，完成右侧楼梯间洞口的创建，如图 6-4 所示。

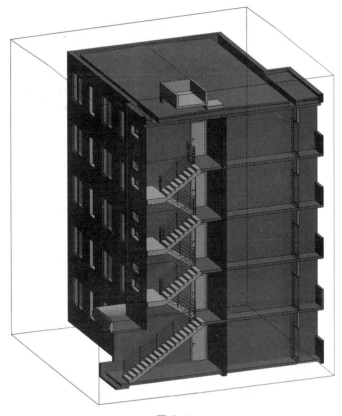

图 6-4

创建住宅楼项目楼梯间 BIM 模型（详见附录 1 相关数据信息）。

 课后拓展

1．创建宿舍楼项目楼梯间 BIM 模型（详见附录 2 相关数据信息）。
2．创建综合楼项目楼梯间 BIM 模型（详见附录 3 相关数据信息）。

7 建筑场地的创建

【项目任务】

创建住宅楼项目的场地红线、场地三维模型、建筑地坪等场地构件，完成现场场地设计。

【专业能力】

创建工程项目 BIM 场地模型的能力。

【知识点】

Autodesk Revit 地形创建，场地构件添加。

应用程序菜单：打开、保存。

快速访问栏：默认三维视图。

上下文选项卡：体量和场地、管理、视图。

面板（选项栏）：场地建模、修改场地、项目位置、图形。

属性选项板：可见性/图形替换、材质和装饰。

项目浏览器：楼层平面 – 室外地坪。

视图控制栏：精细、真实。

绘图区：创建地形形状、放置场地构件。

7.1 地形表面的创建

打开"6 楼梯间 BIM 模型的创建"中的成果——"住宅楼项目 .rvt"项目文件，即可进入本节图元的创建。

在 Revit 中，"体量和场地"是创建场地模型的重要工具，创建基础场地的方法是通过创建点来生成场地模型。如图 7-1 所示，Revit 在"体量和场地"选项卡下的"场地建模"和"修改场地"面板中，提供了创建和修改场地的相关工具。

具体方法为：打开楼层平面室外地坪视图，选择"体量和场地"选项卡→"场地建模"面板→" 地形表面"工具，Revit 软件自动切换到" 修改 | 编辑表面 "选项卡，进

入场地创建状态。

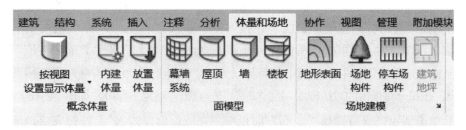

图 7-1

如图 7-2（a）所示，选择"工具"面板→"放置点"工具，选项栏设置为
" 高程 -300.0 "，高程形式为"绝对高程"，即为地形放置的点高程的绝对标高
为 -0.3m。

(a)

(b)

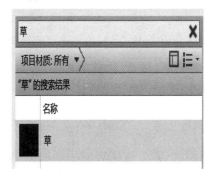

(c)

(d)

图 7-2

按图 7-2（b）所示，依次点击创建完成的高程点，当创建超过 3 个高程点时，Revit 将生成地形表面预览。选择"属性"面板→点击" [材质和装饰 材质 <按类别>] "浏览按键，打开 "材质浏览器"对话框。按图 7-2（c）在搜索框中输入"草"，将"草"材质指定给场地 图元。在"属性"栏中还可查看所创建的地形表面"投影面积"与"表面积数值"。

若创建的地形表面在平面视图中不可见，点击"属性"栏" [可见性/图形替换 编辑...] "中 的"编辑"按钮→在弹出的对话框中勾选"地形"→点击"确定"即可，如图 7-2（d）所示。

地形单击创建完成后选择"表面"面板中"完成编辑模式 ✔"按钮完成地形表面创 建。切换至" 🏠 默认三维视图"，最后完成效果如图 7-3 所示。

图 7-3

7.2　地形子面域的创建

打开"7.1 地形表面的创建"中的成果——"住宅楼项目 .rvt"项目文件，即可进入本 节图元的创建。

在 Revit 中，可以利用"子面域"功能对已创建的地形表面进行划分。此功能可以用 于创建场地的道路等。

具体方法为：打开楼层平面室外地坪视图，选择"体量和场地"选项卡→"修改场 地"面板→" [■]子面域"工具，Revit 软件自动切换到 " 修改 | 创建子面域边界 "选项卡，进入创建状态，选择绘图面板" [✎]直线"命令→勾选选项栏" [☑]链"选项，如图 7-4 所 示，绘制任意形式的封闭区域，绘制原理与楼板建立相似。

注意：封闭区域必须全部在地形表面范围之内。

子面域绘制完成后选择"模式"面板中"完成编辑模式 ✔"按钮完成子面域创建。 切换至" 🏠 默认三维视图"即可看到效果。

在三维视图中选择所创建的子面域模型，选择"属性"面板→点击" [材质和装饰 材质 <按类别>] " 浏览按键，打开"材质浏览器"对话框，设置"材质"为"砂砾"，完成子面域材质 修改。

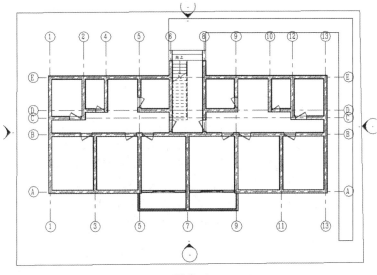

图 7-4

7.3　建筑地坪的创建

建筑地坪在已创建的地形表面可进行分割，并且可修改地坪高度，从而达到地坪的抬升或沉降，使得场地模型多元化。

具体方法为：打开楼层平面室外地坪视图，选择"体量和场地"选项卡→"场地建模"面板→"□建筑地坪"命令；选择" 修改 | 创建建筑地坪边界 "→绘图面板" ╱ 直线"命令，勾选选项栏" ☑链 "选项，如图 7-5 所示，绘制任意形式的封闭区域，封闭区域必须全部在地形表面范围之内。绘制完成后选择"模式"面板中"完成编辑模式 ✔"按钮完成子面域创建。切换至" ⬡ 默认三维视图"即可看到效果。

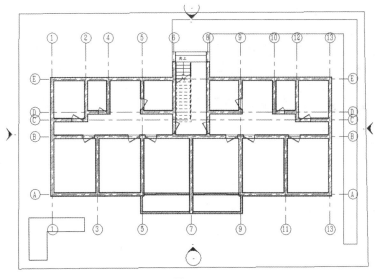

图 7-5

进入三维视图中选择所创建出的地坪模型，选择"属性"面板→"约束"→"标高"→调整"标高"范围为"二层"，如图 7-6 所示，将建筑地坪即抬升至二层标高高度。

图 7-6

7.4 场地构件的创建

图 7-7

在模型创建完成后，为了得到更加真实的仿真效果，可向模型中添加相应的人物、植物、汽车等室内外场地构件，Revit 软件自带有相应的族模型可供选择。

首先将所需场地模型载入至项目中，进入"🔷默认三维视图"→选择"体量和场地"选项卡→"场地建模"面板→"🔺场地构件"命令，进入"修改|场地构件"选项卡→选择"RPC 树 - 落叶树"或将属性栏展开选择其他类型模型，如图 7-7 所示，在所建场地上单击进行植物添加，将模型显示模式调整为"▨精细"和"🔲真实"等显示效果，即可在模型中看到效果。

软件默认提供一些其他场地构件，可载入至项目中进行使用。选择"🔺场地构件"命令→"属性"操作栏→"🔳编辑类型"→"载入"命令→"建筑"文件→"场地"文件→"附属设施"→"街道设施"→"公共座椅"，选择软件自带场地构件——"公共座椅"即可载入使用。

7.5　项目位置的设置

在模型创建完成后，可利用 Revit 软件进行项目位置设置。选择"管理"选项卡→"项目位置"面板→"🌐地点"命令，如图 7-8（a）所示，弹出"位置、气候和场地"命令框，选择"设置"命令→"定义位置依据"选择"Lnternet 映射服务"→"项目地址"输入为"江苏省"→点击"搜索"，设置项目地点。如果知道项目所在地经纬度，可如图 7-8（b）所示，将"定义位置依据"改为"默认城市列表"，在经纬度命令栏中输入坐标，进行位置定位。

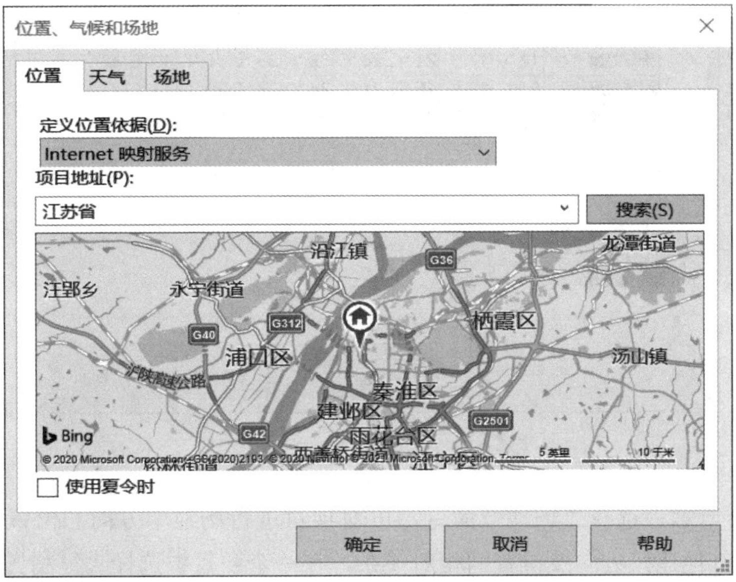

(a)

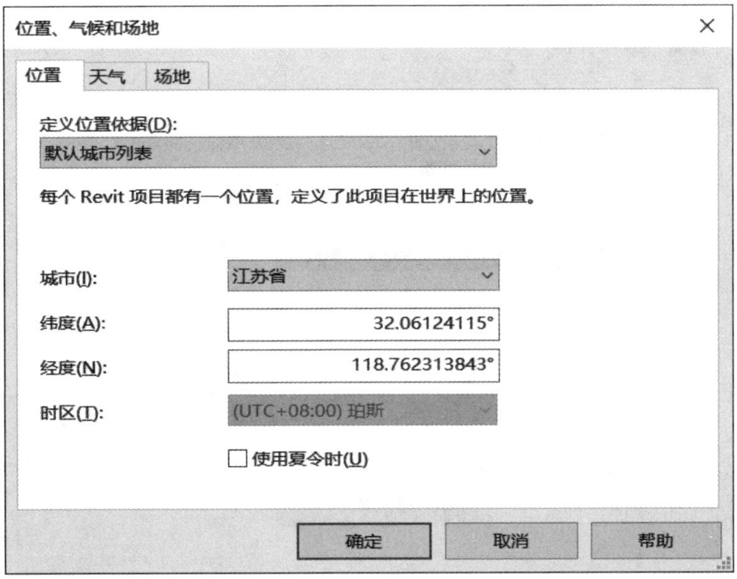

(b)

图 7-8

地点设置完成后可进行天气设置。如图 7-9 所示选择"天气"命令，软件默认为地点所在地气象站数据，如果想更加精确地设置天气信息，可取消勾选"使用最近的气象站"命令，手动输入各项天气数值。

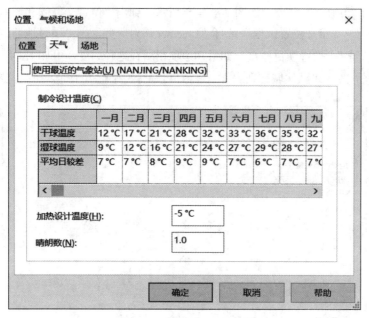

图 7-9

如图 7-10 所示，选择"场地"命令，可对项目进行场地中方向和位置设置，还可以设置本项目与其他建筑方向及位置的相对关系，在一个项目中选择"复制"命令，可进行多个场地添加。

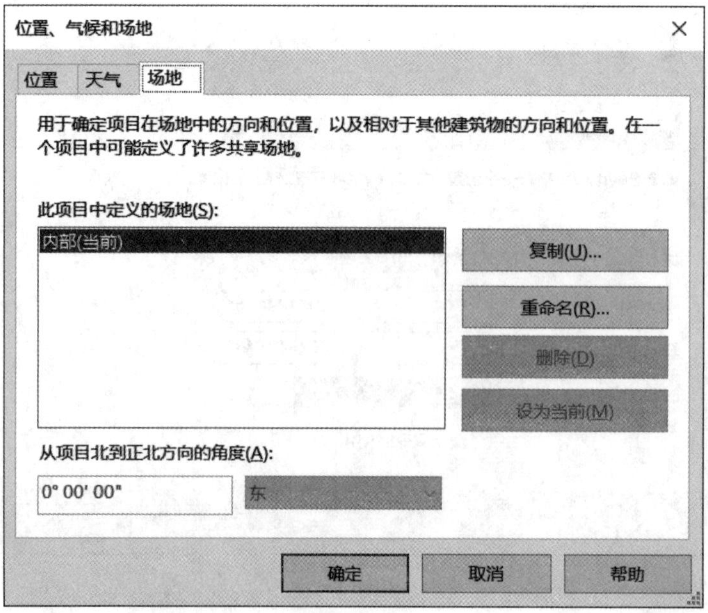

图 7-10

Revit 中提供了模拟自然环境日照阴影及日光设置功能，用于在视图中真实地反映外部自然光和阴影对室内外空间和场地的影响，同时，这种真实的日光模拟显示还可以动态输出。

在 Revit 中进行日光分析时，是以项目的真实地理位置数据作为基础的，所以通常情况下需要指定 Revit 中建筑物的地理方位，即项目的"正北"。打开楼层平面视图，如图 7-11 所示，在视图"属性"面板中，可以指定当前视图显示为"正北"或者"项目北"方向，可以通过该选项在项目北与正北之间进行切换。

项目北：指的是打开 Revit 中的楼层平面视图时，视图上方为项目北；相反，视图的下方就是项目南。项目北与项目的实际地理方位无关，它只是绘图时候的一个视图方位。

正北：指的是项目真实的地理方位。如果项目方位正好是正南正北，那么该项目的项目北就跟正北的方向相同；反之，如果项目地理方位个是正南止北，则项目北方向与项目正北方向不同。

打开项目的楼层平面视图，属性面板中将显示当前楼层平面视图的属性。如图 7-11 所示，选择"方向"为"正北"，如果视图没有发生变化，那么说明项目的正北方向与项目北方向相同。点击"管理"选项卡"项目位置"面板中"位置"，在下拉列表中选择"旋转正北"选项，进入正北旋转状态，如图 7-12 所示。"旋转正北"可以相对于"正北"方向修改项目角度，在选项栏上输入一个角度，或者直接在视图中单击以定义角度即可。

如果要查看特定视图修改之后的正北方向，只要编辑视图属性中的"方向"，选择"正北"之后点击下方"应用"即可。

图 7-11

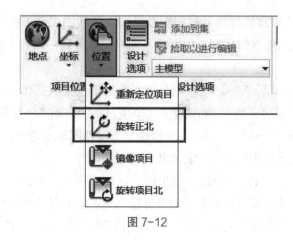

图 7-12

7.6　日光及阴影的设置

项目地点与朝向的设定完成之后，可以在 Revit 中设定太阳位置及时刻，并在开启项目阴影之后，就会显示当前时刻下的项目阴影状态。在 Revit 中，还可以设置多个太阳的位置与时刻，来表达不同时刻下的阴影状态。

打开默认的三维视图，点击"视图控制"栏→图形面板"渲染"→在"渲染"对话框中点击"日光设置"右侧的" "按钮→打开"日光设置"对话框→点击"确定"，如图 7-13 所示。

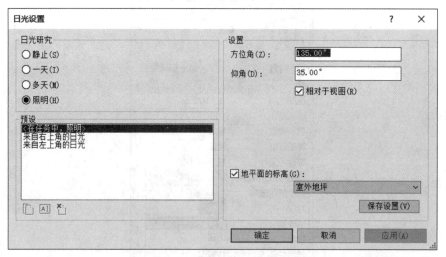

图 7-13

在"日光设置"对话框中，可以看到有"静止""一天""多天""照明"四种日光设置方式，用于显示在指定日期范围内太阳位置和阴影的变化。不同的视图可以指定不同的日光设置，用于对比项目模型在不用日光设置下阴影的变化。在这里以"静止"为例，分别修改"日期""时间"，勾选"地平面的标高"选项，设置地平面的标高为"地面标高"，点击"确定"。

　　单击视图控制栏"打开阴影"，将在当前三维视图中显示当前太阳时刻项目模型产生的阴影，如图 7-14 所示（阴影可以在楼层平面、立面以及三维视图中显示）。

图 7-14

　　如图 7-15 所示，点击视图控制栏"日光设置"，在弹出的列表中选择"打开日光路径"，当前三维视图中将显示指北针以及当日太阳的轨迹。

图 7-15

　　如图 7-16 所示，在显示日光路径状态下，通过拖动太阳图标可以动态修改太阳位置，还可以通过单击当前时刻，修改太阳位置到指定时刻。太阳位置修改后，视图中的阴影也会随之变化。点击"日光设置"列表中的"关闭日光路径"，即关闭日光路径的显示。

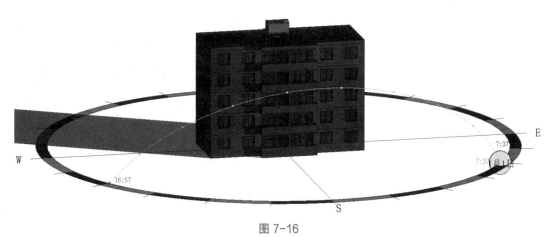

图 7-16

 课后作业

创建住宅楼项目建筑场地（详见附录 1 相关数据信息）。

 课后拓展

1．创建宿舍楼项目建筑场地（详见附录 2 相关数据信息）。

2．创建综合楼项目建筑场地（详见附录 3 相关数据信息）。

8 | 渲染与漫游

【项目任务】

创建住宅楼项目的模型漫游动画，在三维模式中渲染模型图。

【专业能力】

创建工程项目基础的 BIM 模型漫游动画设计及三维渲染图制作的能力。

【知识点】

Autodesk Revit 漫游路径添加和修改，三维模式中利用软件自带的渲染器进行渲染图制作。

应用程序菜单：打开、保存。

快速访问栏：默认三维视图。

上下文选项卡：视图。

面板（选项栏）：图形（渲染）、创建（漫游）。

项目浏览器：漫游。

视图控制栏：视觉样式、详细程度。

绘图区：漫游路径的绘制，调整相机位置。

8.1　漫游

漫游是使用沿所定义路径放置的相机位置对现场或建筑的模拟浏览。创建漫游，以向客户或团队成员展示模型。路径由帧和关键帧组成。关键帧是指可在其中修改相机方向和位置的可修改帧。默认情况下，漫游创建为一系列透视图，也可以创建为正交三维视图。

打开"7 建筑场地的创建"中的成果——"住宅楼项目 .rvt"项目文件，即可进入本节图元的创建。

创建方法：打开一层楼层平面视图，选择"视图"选项卡→"创建"面板→"⬡ 三维视图"下拉列表→"👣漫游"操作命令，勾选"透视图"选项栏→设置"偏移"为"2000"→"自"一层标高高度。如图 8-1 所示，在一层标高中沿建筑外侧单击创建漫游环形路径，绘制漫游路径完成后，单击"✔完成漫游"选项。

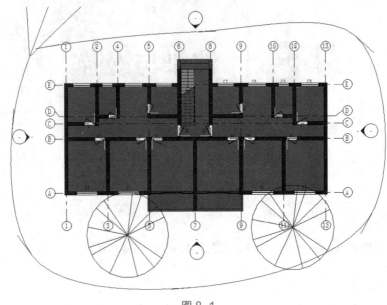

图 8-1

漫游路径创建完成后，需要对其进行位置调整，以达到更好漫游效果。选择"👣编辑漫游"选项。如图 8-2 所示进入漫游编辑界面，将相机视口旋至模型处，在编辑模式下红色圆点为漫游创建过程中所放置的路径点。

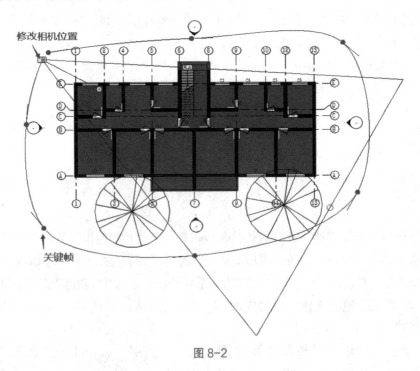

图 8-2

选择" 修改|相机 编辑漫游 "→"◀◀上一个关键帧"→逐个修改漫游相机视口，

旋至模型处；点击"![]打开漫游"，按图 8-3（a）所示，修改漫游相机视口大小至建筑模型完全显示。调整后如图 8-3（b）所示可显示全部模型，点击"▷播放"查看漫游，漫游播放完成后按键盘"Esc"键结束操作。

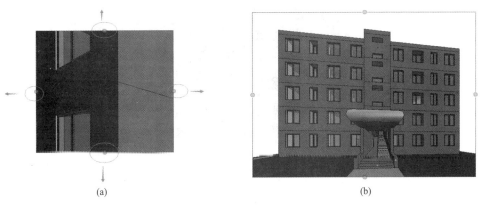

(a)　　　　　　　　　　(b)

图 8-3

8.2　渲染

打开一层楼层平面视图，选择"视图"选项卡→"创建"面板→"🏠三维视图"下拉列表→"📷相机"操作命令，勾选"透视图"选项栏→设置"偏移"为"2000"→"自"一层标高高度。如图 8-4 所示，创建相机视图，Revit 软件自动切换到相应的相机视图。

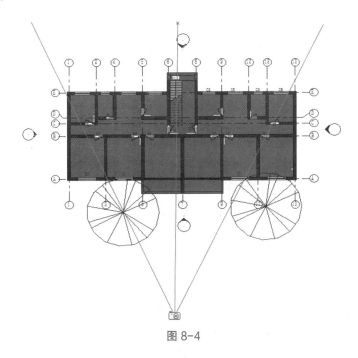

图 8-4

进入相机视口后，按图 8-5 所示，修改相机视口大小至建筑模型完全显示。并将模型显示模式调整为"▨▨精细"和"▨真实"显示效果，即可看到相机视图效果。

图 8-5

相机视图调整完成后，选择"视图"选项卡→"▨渲染"命令→进入"渲染"对话框，按图 8-6 所示，调整对话框中各项参数，点击"渲染"，等待渲染进度达到 100% 时，即完成渲染视图，如图 8-7 所示。

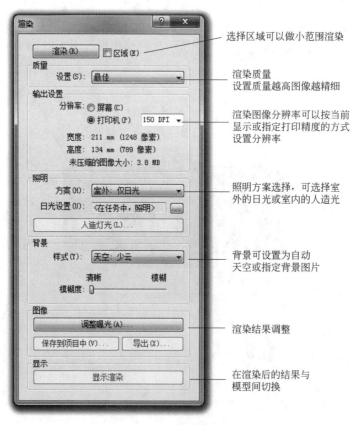

图 8-6

图 8-7

创建住宅楼项目漫游（详见附录 1 相关数据信息）。

 课后拓展

1．创建宿舍楼项目漫游（详见附录 2 相关数据信息）。
2．创建综合楼项目漫游（详见附录 3 相关数据信息）。

9 项目建筑施工图的深化

【项目任务】

创建住宅楼项目的模型平面图、立面图、剖面图、大样施工图。

【专业能力】

对工程项目的 BIM 模型进行建筑施工图深化设计的能力。

【知识点】

Autodesk Revit 出图调整原理及操作，对应视图添加图框的方法。

应用程序菜单：打开、保存。

快速访问栏：默认三维视图、剖面。

上下文选项卡：注释、视图、建筑、协作。

面板（选项栏）：尺寸标注、图纸组合、创建、房间与面积、坐标。

属性选项板：属性类型、编辑类型。

项目浏览器：楼层平面。

视图控制栏：视觉样式、详细程度。

绘图区：在图框中插入相应图纸并调整图纸名称位置。

9.1 建筑平面施工图的深化设计

打开"8 渲染与漫游"中的成果——"住宅楼项目.rvt"项目文件，即可进入本节图元的创建。

根据所建立的建筑模型，创建一层建筑平面施工图。打开一层楼层平面视图，如图 9-1（a）所示选择"项目浏览器"→"楼层平面"→右单击"一层"平面→点击"复制视图"→点击"带细节复制"命令，软件自动跳转至复制新建的一层平面中，视图名为"一层副本 1"，点击"一层副本 1"→按"F2"重命名→输入"一层平面图"修改视图名称。

如图 9-1（b）所示，在平面图操作过程中需要隐藏四个"立面符号" ♀，按"Ctrl"

键框选立面符号→右单击选择"在视图中隐藏"→点击"图元"选项，将立面符号隐藏。

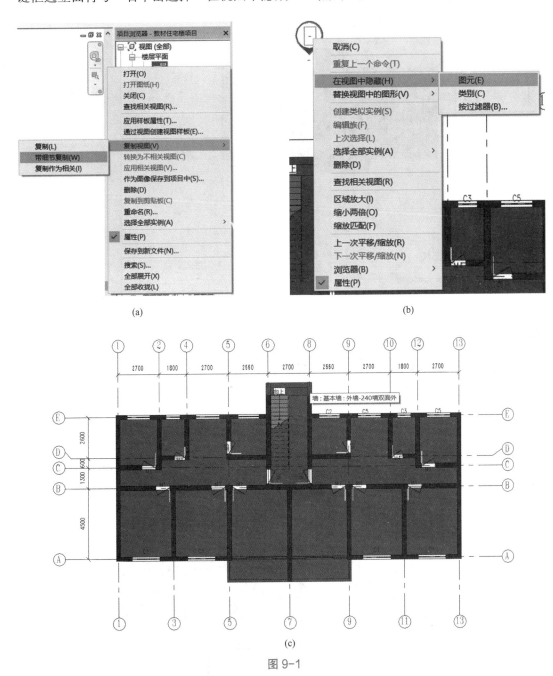

(a)　　　　　　　　　　　(b)

(c)

图 9-1

选择"注释"选项卡→"尺寸标注"面板→" 对齐"命令，如图 9-1（c）所示，对轴网进行尺寸标注。

选择"视图"选项卡→"图纸组合"面板→" 图纸"命令→点击"A3 公制"确定新建图纸。如图 9-2 所示，将"项目浏览器"中"楼层平面"下"一层平面图"拖曳到图纸中部处点击放置。

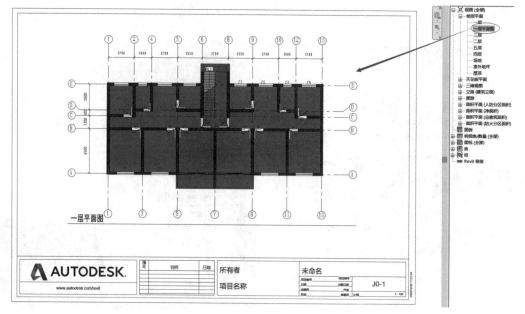

图 9-2

9.2 建筑立面施工图的深化设计

依据所建立的建筑模型，创建北立面建筑平面施工图。打开北立面视图，如图 9-3 （a）所示选择"项目浏览器"→"立面（建筑立面）"→右单击"北"立面→打开"复制 视图"→点击"带细节复制"命令，软件自动跳转至复制新建的北立面中，视图名为"北 副本 1"。点击"北 副本 1"→按"F2"重命名→输入"北立面图"修改视图名称。

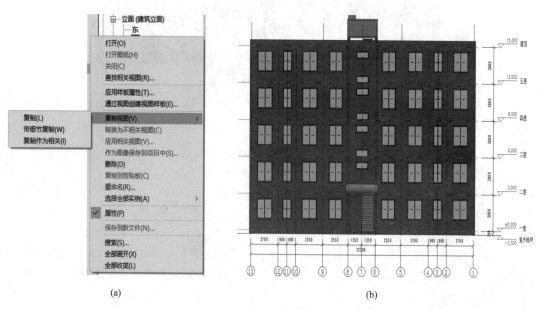

(a)   (b)

图 9-3

选择"注释"选项卡→"尺寸标注"面板→"对其"命令，如图9-3（b）所示，对其进行尺寸标注。

选择"视图"选项卡→"图纸组合"面板→"图纸"命令→点击"A3公制"确定新建图纸。如图9-4所示，将"项目浏览器"中"立面（建筑立面）"下"北立面图"拖曳到图纸中部处点击放置。

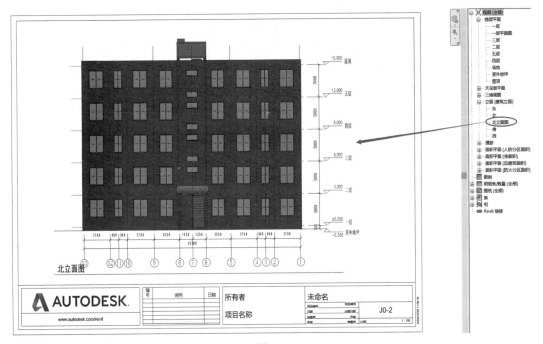

图 9-4

9.3　建筑剖面施工图的深化设计

依据所建立的建筑模型，创建楼梯剖面施工图。打开一层楼层平面视图，选择"视图"选项卡→"创建"面板→"剖面"命令。如图9-5（a）所示，自上而下绘制"剖面1"，如果需要修改剖面方向，可以右单击剖面，如图9-5（b）所示选择"翻转剖面"调整剖面方向。

剖面绘制完成后，选择"项目浏览器"→"视图"选项→展开"建筑剖面"→双击打开"剖面1"，进入剖面视图。剖面视图自带有黑色细线边框，如图9-6所示，选择"属性"操作栏→"范围"区域→将"裁剪区域可见"右侧方框中的"勾"取消即可完成调整。在剖面中也可正常进行尺寸标注。

将剖面视图添加到图纸中，选择"视图"选项卡→"图纸组合"面板→"图纸"命令→点击"A3公制"确定新建图纸。如图9-7所示，将"项目浏览器"中"剖面（建筑剖面）"下"剖面1"拖曳到图纸中部处点击放置。

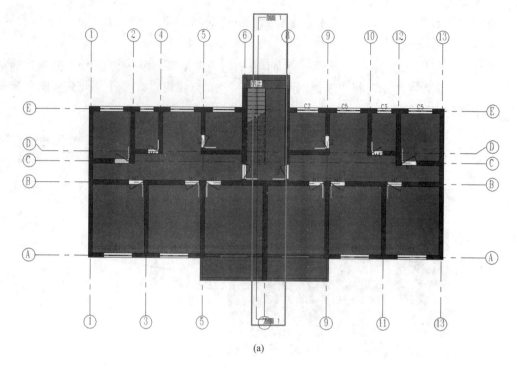

(a)

(b)

图 9-5

图 9-6

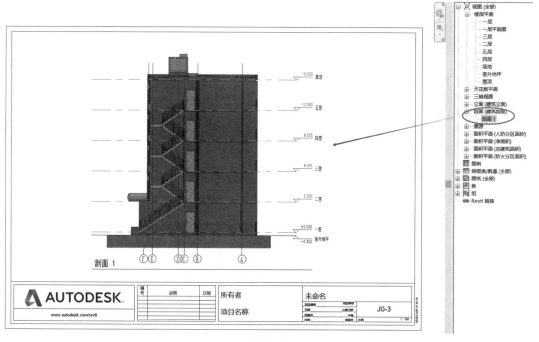

图 9-7

9.4 建筑大样施工图的深化设计

依据所建立的建筑模型,创建楼梯建筑大样施工图。打开一层楼层平面视图,选择"视图"选项卡→"创建"面板→"📷详图索引"命令。如图9-8所示,框选一层视图楼梯范围，在"项目浏览器"下"楼层平面"中生成视图"一层 - 详图索引 1"，选择"一层 - 详图索引 1"视图，点击"F2"修改视图名称为"建筑大样"。双击打开视图，可正常使用注释进行尺寸标注。点击黑色线条框，拖曳圆点，可调整详图索引视图大小，完成建筑大样视图。

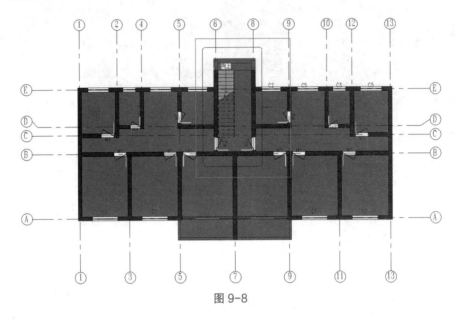

图 9-8

将建筑大样视图添加到图纸中，选择"视图"选项卡→"图纸组合"面板→" 图纸"命令→点击"A3 公制"确定新建图纸。如图 9-9 所示，将"项目浏览器"中"楼层平面"下"建筑大样"拖曳到图纸中部处点击放置。

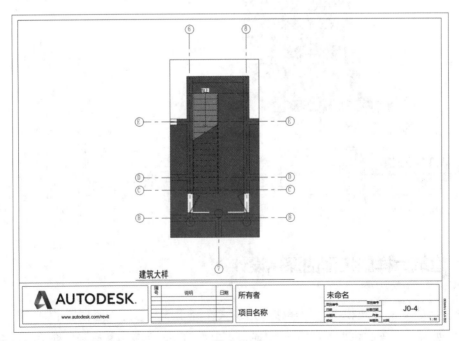

图 9-9

9.5　建筑房间的创建

当项目完成后，相应的基本信息即可开始添加，前面已经进行了位置信息的定义，接下来对房间进行定义。

在"建筑"选项卡下"房间与面积"面板中，点击"房间与面积"下拉列表，如图 9-10 所示。

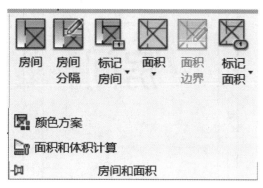

图 9-10

选择"面积和体积计算"，在"面积和体积计算"对话框中选择"仅按面积"和"在墙核心层"，关闭对话框，如图 9-11 所示。

图 9-11

① 房间的标记设置。点击"编辑类型",选择属性为"标记 - 房间 - 有面积 - 方案 - 黑体 -4-5mm-0-8"选择 1 楼房间,Revit 将自动拾取一个房间,出现蓝色显示。布置完房间后,还可以对房间进行重命名,如图 9-12 所示。

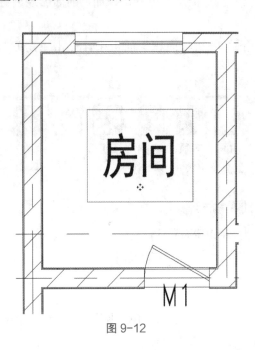

图 9-12

② 大厅标记设置。标记大厅时,使用"房间分隔"工具进行分隔,然后再拾取房间并标记。选择"建筑"选项卡下"房间和面积"面板中"标记房间"下拉列表中的"标记房间"工具,选择房间,然后进行标记,如图 9-13 所示。

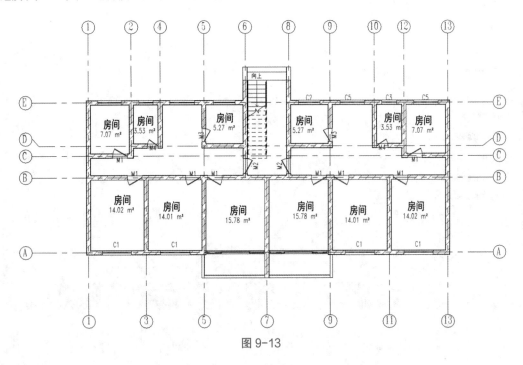

图 9-13

9.6 建筑门窗明细表的创建

明细表是显示项目中任意类型图元的列表。明细表以表格形式显示信息，这些信息是从项目中的图元属性中提取的。明细表可以列出要编制明细表的图元类型的每个实例，或根据明细表的成组标准将多个实例压缩到一行中。

（1）创建窗明细表

创建窗明细表做法如下：选择"视图"选项卡→"创建"面板→" 明细表"→" 明细表/数量"命令，如图9-14（a）所示，"类别"中选择"窗"选项，点击"确定"进入明细表属性对话框，如图9-14（b），依次从"可用的字段"中将类型、宽度、高度、标记添加到"明细表字段"中，点击"确定"关闭对话框。软件自动生成如图9-14（c）所示的窗明细表。

（2）创建门明细表

创建门明细表做法如下：选择"视图"选项卡→"创建"面板→" 明细表"→" 明细表/数量"命令，如图9-15（a）所示，选择"类别"中选择"门"选项，点击"确定"进入"明细表属性"对话框，如图9-15（b），依次从"可用的字段"中将类型、宽度、高度、标记添加到"明细表字段"中，点击"确定"关闭对话框。软件自动生成如图9-15（c）所示的门明细表。

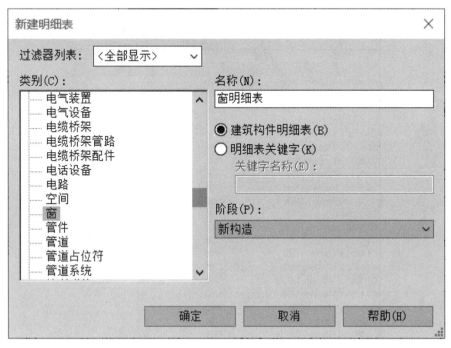

(a)

图 9-14

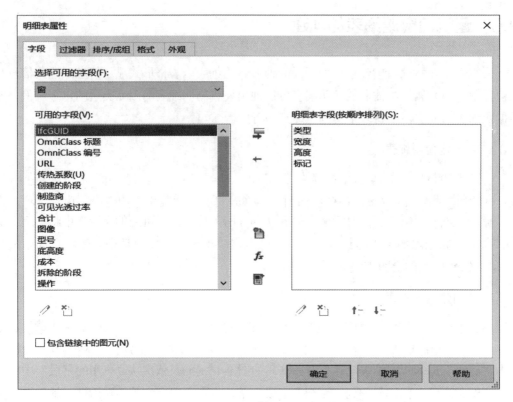

(b)

<窗明细表>			
A	B	C	D
类型	宽度	高度	标记
C1-1800 x 1700mm	1800	1700	7
C1-1800 x 1700mm	1800	1700	8
C1-1800 x 1700mm	1800	1700	9
C1-1800 x 1700mm	1800	1700	10
C2-1350 x 1700mm	1350	1700	14
C2-1350 x 1700mm	1350	1700	15
C3-900 x 1700mm	900	1700	16
C3-900 x 1700mm	900	1700	17
C5-1500x 1700mm	1500	1700	18
C5-1500x 1700mm	1500	1700	19
C5-1500x 1700mm	1500	1700	20
C5-1500x 1700mm	1500	1700	21
C1-1800 x 1700mm	1800	1700	90
C1-1800 x 1700mm	1800	1700	91
C1-1800 x 1700mm	1800	1700	92
C1-1800 x 1700mm	1800	1700	93
C2-1350 x 1700mm	1350	1700	94
C2-1350 x 1700mm	1350	1700	95
C3-900 x 1700mm	900	1700	96
C3-900 x 1700mm	900	1700	97
C5-1500x 1700mm	1500	1700	98

(c)

图 9-14

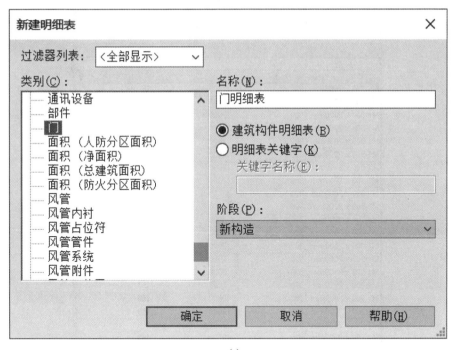

(a)

(b)

图 9-15

<门明细表>			
A	**B**	**C**	**D**
类型	宽度	高度	标记
M1-900 x 2000mm	900	2000	16
M1-900 x 2000mm	900	2000	19
M1-900 x 2000mm	900	2000	20
M1-900 x 2000mm	900	2000	21
M1-900 x 2000mm	900	2000	31
M1-900 x 2000mm	900	2000	33
M1-900 x 2000mm	900	2000	34
M1-900 x 2000mm	900	2000	35
M3-800 x 2000mm	800	2000	48
M3-800 x 2000mm	800	2000	49
M4-700 x 2000mm	700	2000	55
M4-700 x 2000mm	700	2000	56
M1-900 x 2000mm	900	2000	154
M1-900 x 2000mm	900	2000	155
M1-900 x 2000mm	900	2000	156
M1-900 x 2000mm	900	2000	157
M2-900 x 2000mm	900	2000	158
M2-900 x 2000mm	900	2000	159
M1-900 x 2000mm	900	2000	160
M1-900 x 2000mm	900	2000	161
M1-900 x 2000mm	900	2000	162
M1-900 x 2000mm	900	2000	163
M3-800 x 2000mm	800	2000	164

(c)

图 9-15

9.7　碰撞的检测

打开项目文件，点击"协作"选项卡→"坐标"面板→"碰撞检查"下拉列表→"运行碰撞检查"工具，如图 9-16 所示。

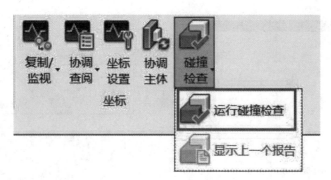

图 9-16

弹出"碰撞检查"对话框，分别勾选两个类别中的"楼板"，点击"确定"关闭对话框，如图 9-17（a）所示。若弹出提示框，提示"未检测到冲突！"，如图 9-17（b）所示，其含义就是两个构件之间不存在冲突问题，即设计是合理的。再次在"碰撞检查"对话框

中勾选"墙"作为检测对象，点击"确定"关闭对话框，右弹出"冲突报告"对话框，可
以点击"显示"，则发生冲突的位置在视图区域中高亮显示。

(a)　　　　　　　　　　　　　　(b)

图 9-17

 **课后作业**

深化设计住宅楼项目建筑施工图（详见附录 1 相关数据信息）。

课后拓展

1. 深化设计宿舍楼项目建筑施工图（详见附录 2 相关数据信息）。
2. 深化设计综合楼项目建筑施工图（详见附录 3 相关数据信息）。

10 布图与打印

【项目任务】

创建住宅楼项目的建筑图纸，将所创建图纸进行编制设置，并进行图纸导出及打印。

【专业能力】

利用已创建工程项目的 BIM 模型，创建、导出、打印所需建筑图纸的能力。

【知识点】

Autodesk Revit 图纸编辑方法，软件导出图纸及打印设置。

应用程序菜单：文件→导出→CAD 格式→DWG 格式、文件→打印、文件→导出→报告→明细表。

快速访问栏：默认三维视图、剖面。

上下文选项卡：视图。

面板（选项栏）：创建、图纸组合。

属性选项板：标识数据。

项目浏览器：楼层平面、三维视图。

视图控制栏：视觉样式、详细程度。

绘图区：调整图纸名称位置。

10.1　图纸的创建

软件操作中，建筑图纸创建方法基本相同，这里用创建三维视图图纸方法进行讲解，打开"视图"选项卡→"创建"面板→"🔲三维视图"命令，如图 10-1 所示调整至合适视角，点击"视图控制栏"→"🔒解锁的三维视图"中"保存方向并锁定视图"命令，将三维视图进行锁定。在弹出的窗口中输入"建筑三维图"，点击"确定"进行视图创建。

将"建筑三维图"添加到图纸中操作：选择"视图"选项卡→"图纸组合"面板→"🗐图纸"命令→点击"A3 公制"确定新建图纸，如图 10-2 所示，将"项目浏览器"中"三维视图"下"建筑三维视图"拖曳到图纸中部处点击放置。

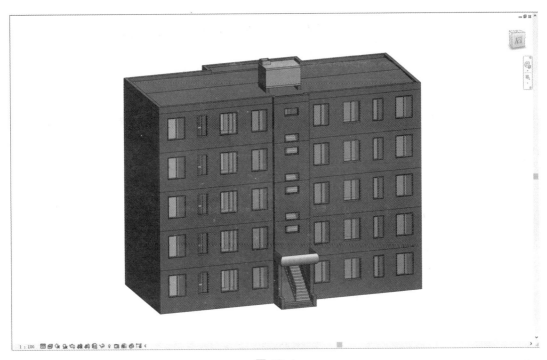

图 10-1

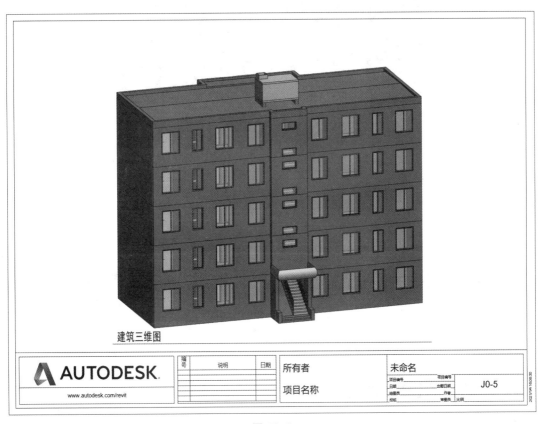

图 10-2

图 10-3

10.2 图纸的编辑

图纸创建完成后，可进行信息编辑、图纸处理。打开创建完成的"建筑三维图"，点击图框，"属性"操作栏中会自动跳转到图框信息部分，可选择下拉菜单三角箭头进行图框大小调整。如图 10-3 所示，点击"属性"→"标识数据"→"图纸名称"后，输入栏输入"建筑三维图"修改图纸名称。"属性"栏中"标识数据"下方的各个输入栏，都可进行输入修改。

点击图纸中"建筑三维图"字样，将其拖曳至图纸中间部分，点击图纸中模型部分，图名下方蓝色线条高亮显示，点击圆点进行拖曳，得到图 10-4 所示建筑三维图。

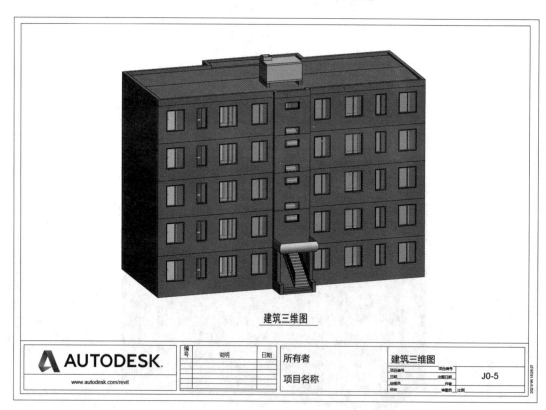

图 10-4

10.3 图纸的导出与打印

① 将设置完成的"建筑三维图"进行 DWG 格式图纸导出。打开"建筑三维图"→

"应用程序栏"→"文件"选项卡→"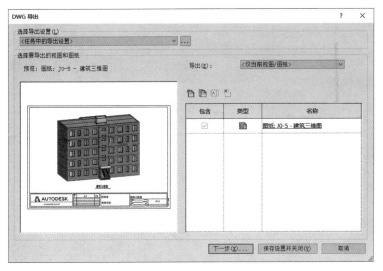导出"命令→"CAD格式"选项栏→"DWG格式",如图10-5所示,弹出"DWG导出"对话框,点击"下一步"→输入导出图纸文件名为"建筑三维图",设置保存文件点击"确定",等待软件运行,完成导出图纸。

图 10-5

② 将设置好的"建筑三维图"打印为PDF格式文本文件。打开"建筑三维图"→"应用程序栏"→"文件"选项卡→"打印"命令,如图10-6所示,将打印名称设置为"Adobe PDF","打印范围"设为"当前窗口"。

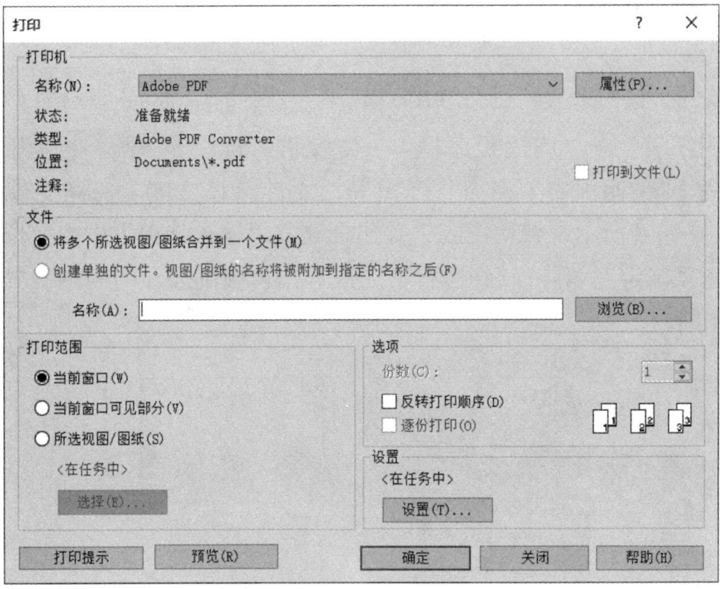

图 10-6

③ 如图10-7所示,对打印图纸进行设置。点击"设置"→纸张"尺寸"选择"A4"→方向选择"横向"→页面位置选择"中心"→删除线的方式选择"光栅处理"→

外观中光栅质量选择"高"，颜色选择"彩色"。

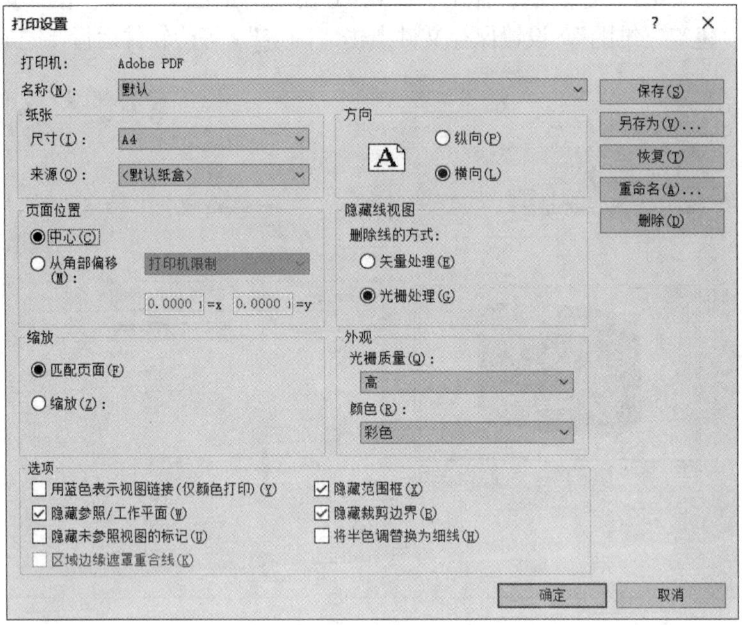

图 10-7

点击"确定"，导出图纸 PDF 文本文件。

10.4 明细表的导出

将制作完成的"窗明细表"进行导出文本。

打开"窗明细表"→"应用程序栏"→"文件"选项卡→"导出"命令→"报告"选项栏→"明细表"命令。弹出导出文件路径选项，选择文件保存位置，点击"确定"。如图 10-8 所示设置明细表"导出标题"，"输入选项"中"字段分隔符"选择"（Tab）"，点击"确定"。等待软件运行，完成导出窗明细表。门明细表导出方法与窗明细表导出方法相同。

图 10-8

 **课后作业**

布图与打印住宅楼项目建筑施工图（详见附录1相关数据信息）。

 课后拓展

1.布图与打印宿舍楼项目建筑施工图（详见附录2相关数据信息）。

2.布图与打印综合楼项目建筑施工图（详见附录3相关数据信息）。

附　录

附录1　某住宅楼建筑施工图

建　筑　施　工　说　明

1．设计依据：建设单位及有关领导部门审批文件；住建局、规划和自然资源局、消防部门等有关部门审批文件；国家颁发的有关建筑规范及规定。

2．总则：凡设计及验收规范对建筑物所用材料规格、施工要求等有规定者，本说明不再重复，均按有关规定执行；设计中采用标准图、通用图，不论采用其局部节点或全部详图，均应按各图要求全面施工；本工程施工时，必须与结构、电气、水暖、通风等专业的图纸配合施工。

3．设计标高及标注：本图尺寸除标高以m为单位外，其余尺寸以mm为单位；室内标高±0.000mm相应的绝对标高由甲方单位提供；图中标高除屋顶标高为结构标高外，其余皆为建筑标高。

4．墙体用MU7.5标准机制砖及M5.0水泥混合砂浆砌筑。

5．墙身防潮层：20mm厚1:2水泥砂浆掺5%防水剂，设于此区域室内地坪低60mm处。

6．建筑构造。外墙：12mm厚1:3水泥砂浆底、6mm厚1:2水泥砂浆面、满涂乳胶腻子两遍、刷外用白色乳胶漆两遍；内墙：14mm厚1:1:6水泥石灰砂浆底、6mm厚1:2水泥砂浆随抹随平；地面：素土分层夯实（200mm/步）、80mm厚C15素混凝土垫层、刷素水泥浆一道、20mm厚1:2水泥砂浆随抹随平；楼面：150mm厚钢筋混凝土、20mm厚1:2水泥砂浆随抹随平；顶棚：10mm厚1:1:6水泥石灰麻刀砂浆底、7mm厚1:2水泥砂浆随抹随平；屋顶：20mm厚1:3水泥砂浆找平层、冷底子油一遍及热沥青一遍隔汽层、1:10水泥蛭石起坡层（最薄处为30mm厚）、20mm厚1:3水泥砂浆找平层、三毡四油防水层、1:0.5:10水泥石灰砂浆砌115mm×240mm×180mm高砖墩纵横中距500mm，1:0.5:10水泥石灰砂浆将495mm×495mm×35mm预制钢筋混凝土架空板砌在砖墙上，板缝用1:3水泥砂浆勾缝。

7．门窗：平开门立樘位置与开启方向的墙面平，窗框居中；门窗材料见门窗表，加工安装严格按照国家现行的施工及验收规范执行。

8．落水管：落水管及水斗选用UPVC材料，雨水管管径为100mm。

9．散水：12mm厚水泥砂浆抹面、100mm厚C15混凝土、80mm厚碎石垫层，30m设一道伸缩缝，缝内填沥青麻丝。

10．楼梯栏杆详见苏G9205第32页楼梯栏杆1。

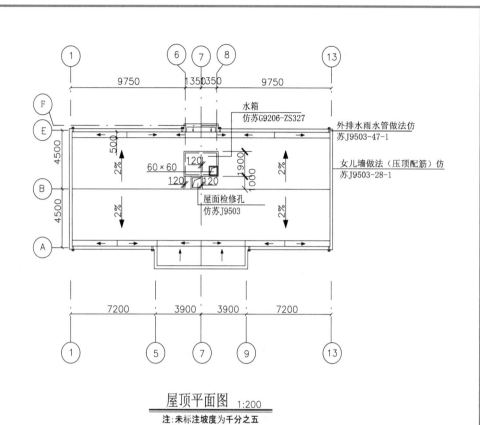

屋顶平面图 1:200

注:未标注坡度为千分之五

图纸目录

序号	编号	图纸内容
1	建施—1	建筑施工说明 图纸目录 门窗表 屋顶平面图
2	建施—2	底层平面图
3	建施—3	标准层平面图
4	建施—4	1~13轴立面图（正立面）
5	建施—5	13~1轴立面图（背立面）
6	建施—6	1—1剖面图 楼梯剖面大样图
7	建施—7	2—2剖面图 墙大样图
8	建施—8	楼梯平面大样图

门窗表

序号	编号	数量	洞口尺寸（长×高）/(mm×mm)	备注
1	M1	40	900×2000	仿01SJ606-QBM1 定做
2	M2	10	900×2000	仿01SJ606-FHM.A.0920 定做
3	M3	10	900×2000	仿01SJ606-QBM3-0920 定做
4	M4	10	900×2000	仿01SJ606-0720 定做
5	TLM	10	3600×2600	仿01SJ606-QBM1-020 定做
6	C1	20	1800×1700	铝合金窗、定做
7	C2	10	1350×1700	铝合金窗、定做
8	C3	10	900×1700	铝合金窗、定做
9	C4	7	1200×600	铝合金窗、定做
10	C5	20	1500×1700	铝合金窗、定做

职业技术学院

设计	姓名	日期	设计项目	某住宅楼	
制图			设计阶段	建筑施工图	
校对	姓名	日期	编号		
审核			比例 见图 图号 A3	第1张 共8张	年 版

建筑施工说明 图纸目录 门窗表 屋顶平面图

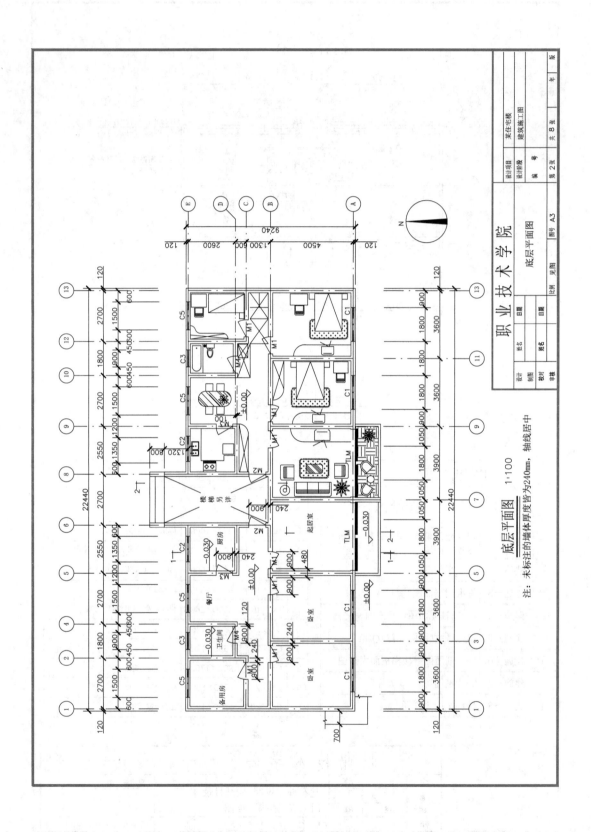

底层平面图 1:100

注：未标注的墙体厚度皆为240mm，轴线居中

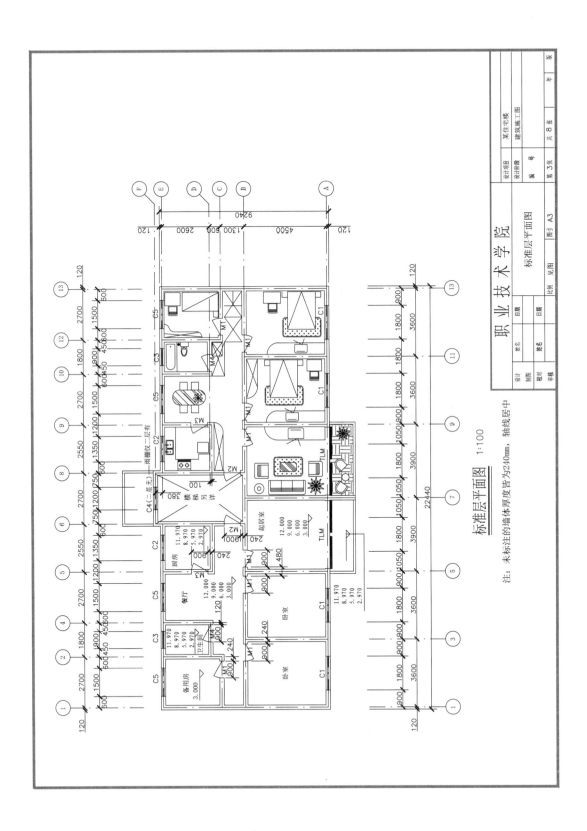

标准层平面图 1:100

注：未标注的墙体厚度皆为240mm，轴线居中

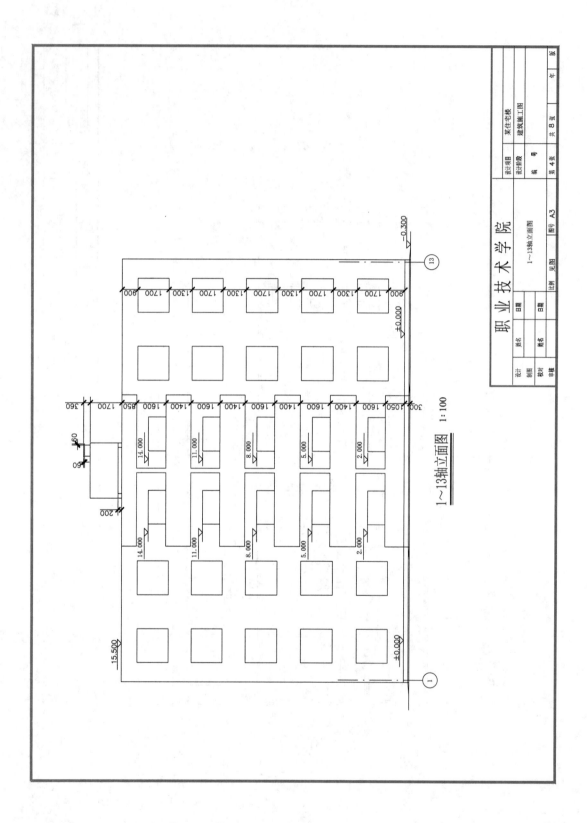

1~13轴立面图 1:100

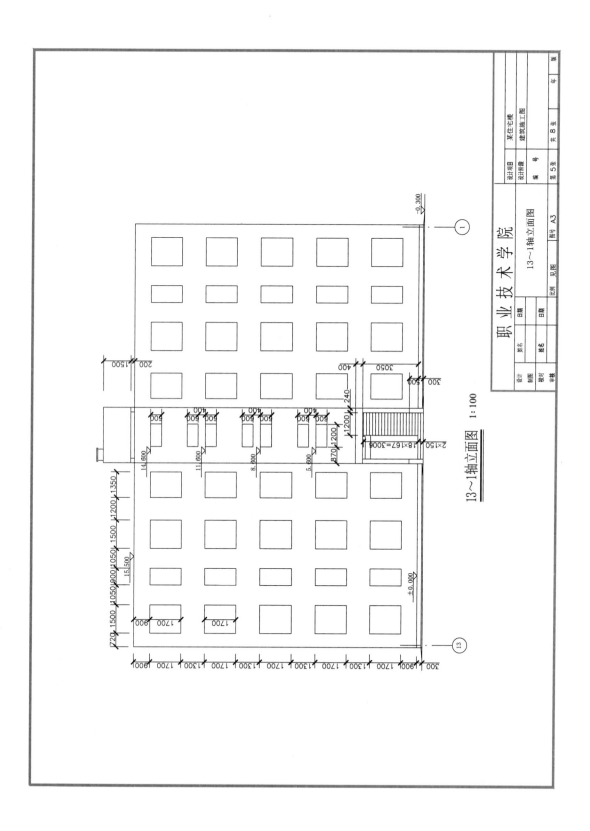

附 录

13~1轴立面图 1:100

职业技术学院

147

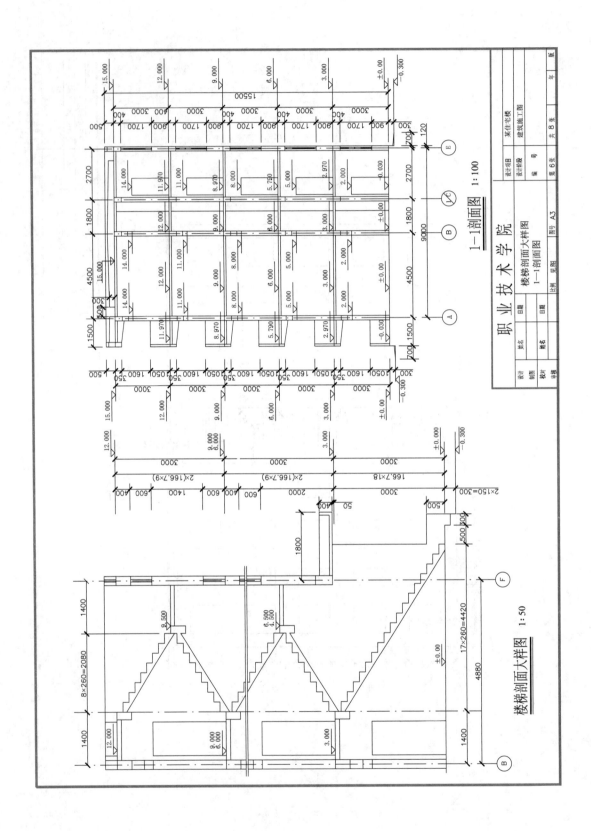

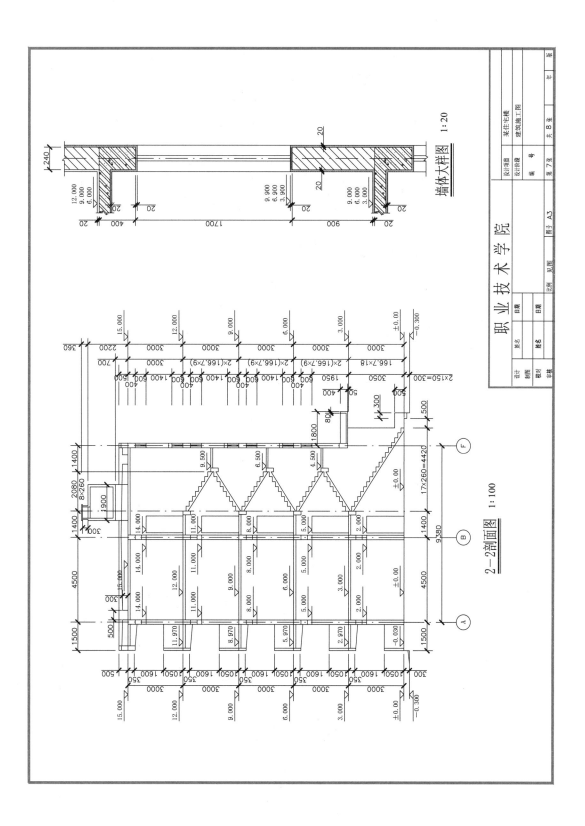

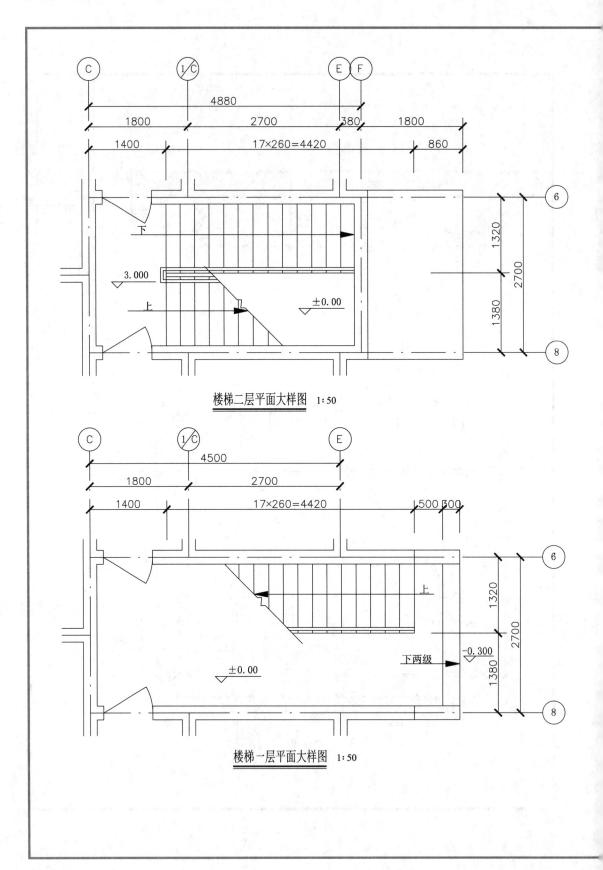

楼梯二层平面大样图　1:50

楼梯一层平面大样图　1:50

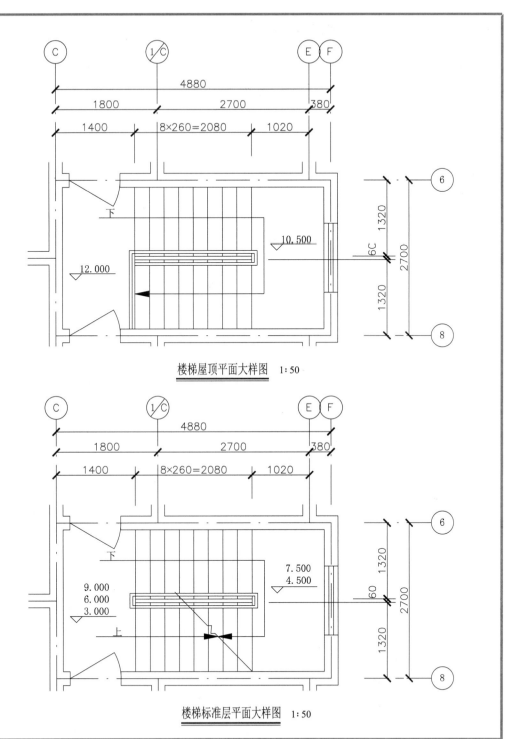

楼梯屋顶平面大样图　1:50

楼梯标准层平面大样图　1:50

职 业 技 术 学 院				设计项目	某住宅楼	
设计	姓名	日期	楼梯平面大样图	设计阶段	建筑施工图	
制图				编　号		
校对	姓名	日期				
审核			比例　见图	图号 A3	第 8 张　共 8 张	年　版

附录2　某宿舍楼建筑施工图

建筑施工说明

一、设计依据

建设单位及有关领导部门审批文件；住建局、规划和自然资源局等有关部门审批文件；国家颁发的有关建筑规范及规定。

二、总则

凡设计及验收规范（如屋面、砌体、地面等）对建筑物所用材料规格、施工要求等有关的规定，本说明不再重复，均按有关规定执行；设计中采用标准图、通用图等，不论采用其局部节点或全部详图，均应按照各图要求全面施工；本工程施工时，必须与结构、电气、水暖、通风等专业的图纸密切配合。

三、设计标高及标注

本建筑的室内 ±0.000m 标高相当于绝对标高 8.900m（如有变动请与设计人员、甲方单位协同解决）；剖面层所注各层标高，除屋面为结构标高外，其他均为建筑标高；本图纸中的标注，除标高以 m 为单位外，其他未特别说明的，均以 mm 为单位。

四、墙体

1.±0.000 以下内外墙体采用 MU10 蒸压灰砂砖、M7.5 水泥砂浆筑；±0.000m 以上外围护墙、阳台栏板、楼梯间与卫生间墙体选用 MU10 蒸压灰砂砖、M 5.0 水泥砂浆砌筑；其余用 MU10、M5.0 混合砂浆砌筑。

2.墙体配筋应符合建筑抗震规范 GB 50011—2010 中相关规定。

五、防潮层

防潮层采用 1：2 水泥砂浆掺 5% 的防水剂，20 厚，设于标高比该区域室内地坪低 60 处。

六、建筑构造

1.外墙：刷乳胶漆（颜色由甲方自定）、6 厚 1：2.5 水泥砂浆粉面压实抹光，水刷带出小麻面、12 厚 1：3 水泥砂浆打底。

2.内墙：卫生间内墙（瓷砖墙面）：5 厚釉面砖白水泥浆擦缝（釉面砖颜色、规格由甲方自定）、2～3 厚建筑陶瓷黏结剂、6 厚 1：2.5 水泥砂浆粉面、12 厚 1：3 水泥砂浆打底。

其他内墙：刷乳胶漆（颜色由甲方自定）、5 厚 1：0.3：3 水泥石灰膏砂浆、12 厚 1：1：6 水泥石灰膏砂浆打底。

3.屋面

檐口处：20 厚防水砂浆加 5% 防水剂、20 厚 1：3 水泥砂浆找坡、预制板。

其他屋面：4 厚 SBS 防水卷材两道，银光粉保护膜、20 厚 1：3 水泥砂浆找平层、40 厚（最薄处）1：8 水泥珍珠岩 2% 找坡、20 厚 1：3 水泥砂浆找平层、40 厚 C20 细石混凝土整浇层，内配 Φ4 钢筋，200 中 - 中、预制板。

4.楼面

卫生间楼面（地砖楼面）：8～10 厚地砖楼面，干水泥擦缝、5 厚 1：1 水泥砂浆结合层、15 厚 1：3 水泥砂浆找平层、聚氨酯三遍涂膜厚 1.5～1.8 防水层、20 厚 1：3 水泥砂浆找平层，四周抹小八角、捣制钢筋混凝土楼板。

一般楼面：10 厚 1：2 水泥砂浆面层压实抹光、15 厚 1：3 水泥砂浆找平层、预制或捣制钢筋混凝土楼板。

5.地面

卫生间地面（地砖地面）：8～10 厚地面砖，干水泥擦缝、撒素水泥面（洒适当清水）、10 厚 1：2 干硬性水泥砂浆结合层、刷素水泥浆一道，二毡三油防水层、20 厚 1：3 水泥砂浆粉光抹平、60 厚 C10 素混凝土随捣随抹、100 厚碎石或碎砖夯实、素土夯实。

一般地面：20 厚 1：3 水泥砂浆，压实抹光、60 厚 C10 素混凝土随捣随抹、100 厚碎石或碎砖夯实、素土夯实。

注：一防水层周边卷起高 150，所有楼面与墙面、竖管、转角处均附加 300 宽一布二油。

6.顶棚

刷刷顶涂料（颜色由甲方自定）、6 厚 1：2.5 水泥砂浆粉面、6 厚 1：3 水泥砂浆打底、刷素水泥浆一道（内掺水重 3%～5% 的 107 胶）、捣制或预制钢筋混凝土板（预制板底用水加 10% 火碱清洗油腻）。

七、踢脚（与楼地面相同面层，高度 150）

12 厚 1：2 水泥砂浆打底。

八、门窗

立樘位置：门居中，窗居中。门窗材料详见门窗表，塑钢窗窗框、门窗玻璃厚度等应由门窗厂根据工程使用要求、材料性能具体设计确定。不露钢构件做二度调和漆、加工安装应严格按照国家现行的施工及验收规范执行。

九、落水管

落水管及水斗选用 UPVC 材料，雨水管的管径为 100。

十、散水

12 厚 1：2 水泥砂浆抹面，100 厚 C15 混凝土、80 厚碎石垫层，30m 设一道伸缩缝，缝内填沥青麻丝。

十一、所有管道穿墙孔均应事先预留

十二、建筑色彩

涉及建筑立面整体效果的颜色，请施工单位先做试块，经业主确认、同意后方可施工。

图纸目录

序号	图纸名称	图 号			张数	折合二号图	备注
		本设计	复用图	标准图			
1	图纸目录、建筑施工说明、门窗表	建施-1			1	2#	
2	门、窗大样图、一层平面图、屋顶平面图	建施-2			1	2#	
3	二层平面图、1—1剖面图、2—2剖面图	建施-3			1	2#	
4	三层平面图、A—D轴立面图、D—A轴立面图	建施-4			1	2#	
5	1—15轴立面图、15—1轴立面图	建施-5			1	2#	
6	一层楼梯平面图、二层楼梯平面图、卫生间2大样图	建施-6			1	2#	
7	三层楼梯平面图、卫生间1大样图、楼梯剖面大样图	建施-7			1	2#	
8							
9							
10							
11							
12							
13							
14							
15							

本设计　　张	复用设计　　张	标准图　　张
折一号图　　张	折一号图　　张	折一号图　　张

××××工程设计有限公司		工程名称	××学院
		设计项目	某宿舍楼
设计		设计阶段	施工图
制图	图纸目录		
校核			
审核		第1张	共1张

门窗表

序号	编号	数量	洞口尺寸（长×高）/(mm×mm)	备注
1	M1	30	900×2000	木门，详见建施-8
2	M2	6	900×2000	木门，详见建施-8
3	M3	1	800×1830	木门，详见建施-8
4	C1	42	1800×1800	塑钢窗，详见建施-8
5	C2	30	1200×1800	塑钢窗，详见建施-8
6	C3	12	1800×600	塑钢窗，详见建施-8

职业技术学院				设计项目	某宿舍楼
设计	姓名	日期	建筑施工说明　图纸目录	设计阶段	建筑施工图
制图			门窗表	编号	
校对	姓名	日期			
审核			比例:见详图　图号:A2	第1张　共7张　年　版	

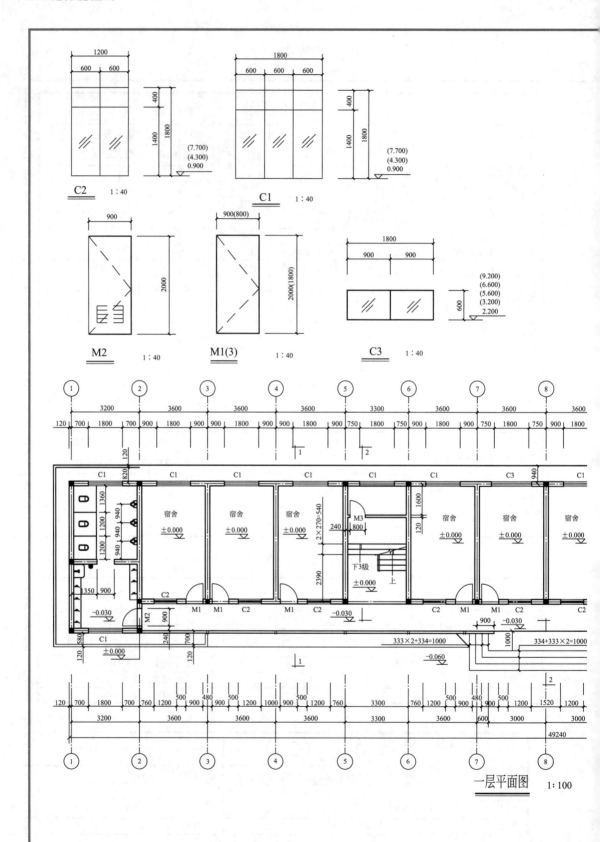

一层平面图　1:100

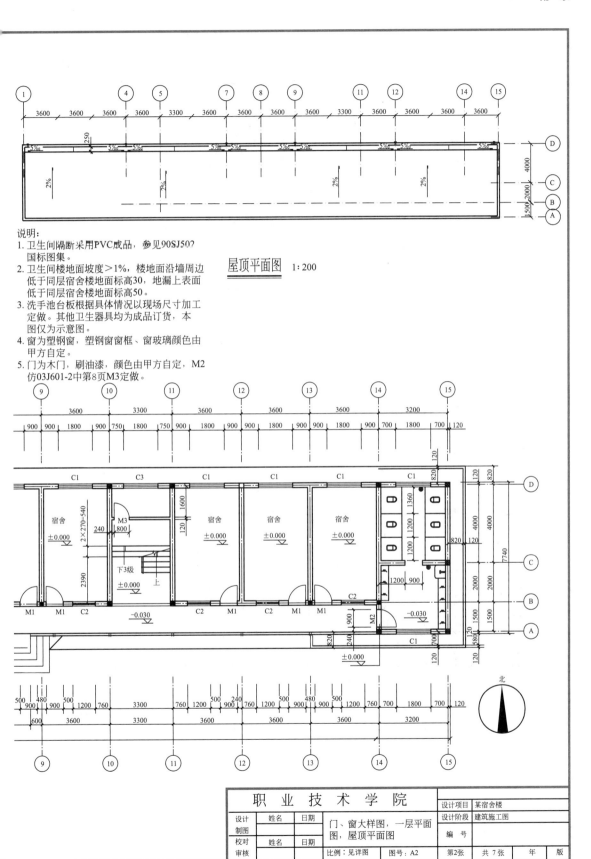

屋顶平面图 1:200

说明:
1. 卫生间隔断采用PVC成品,参见90SJ502国标图集。
2. 卫生间楼地面坡度>1%,楼地面沿墙周边低于同层宿舍楼地面标高30,地漏上表面低于同层宿舍楼地面标高50。
3. 洗手池台板根据具体情况以现场尺寸加工定做。其他卫生器具均为成品订货,本图仅为示意图。
4. 窗为塑钢窗,塑钢窗窗框、窗玻璃颜色由甲方自定。
5. 门为木门,刷油漆,颜色由甲方自定,M2仿03J601-2中第8页M3定做。

北

职 业 技 术 学 院			设计项目	某宿舍楼	
设计制图	姓名	日期	设计阶段	建筑施工图	
			门、窗大样图,一层平面图,屋顶平面图		
校对	姓名	日期	编 号		
审核			比例:见详图	图号:A2	第2张	共 7 张	年	版

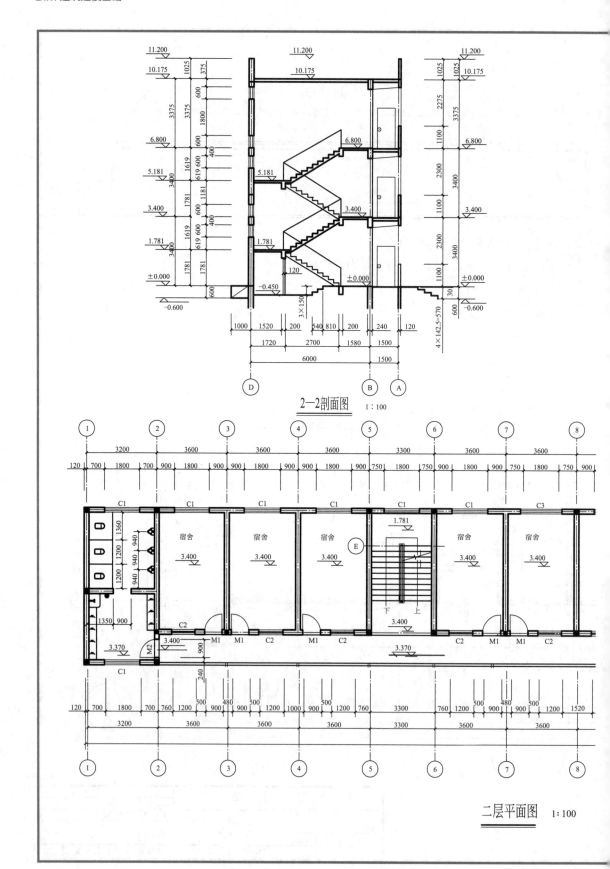

2—2剖面图　1：100

二层平面图　1：100

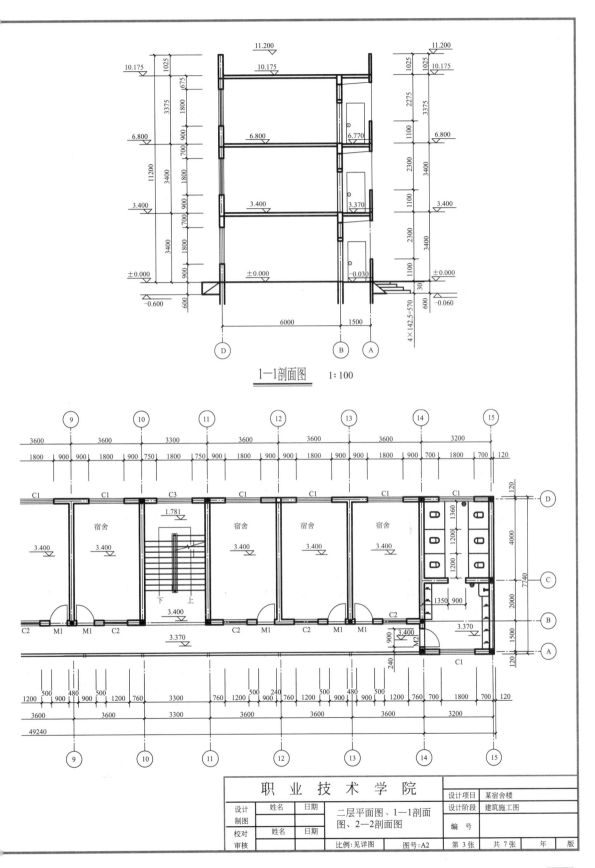

1—1剖面图　1：100

职　业　技　术　学　院			设计项目	某宿舍楼
设计制图	姓名	日期	设计阶段	建筑施工图
			二层平面图、1—1剖面图、2—2剖面图	编　号
校对	姓名	日期		
审核			比例:见详图　图号:A2	第3张　共7张　年　版

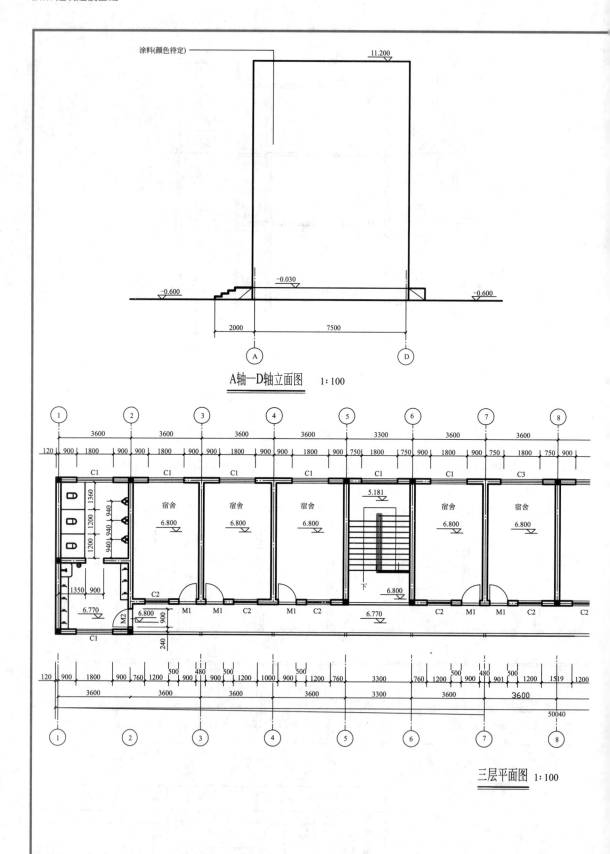

A轴—D轴立面图　1：100

三层平面图　1：100

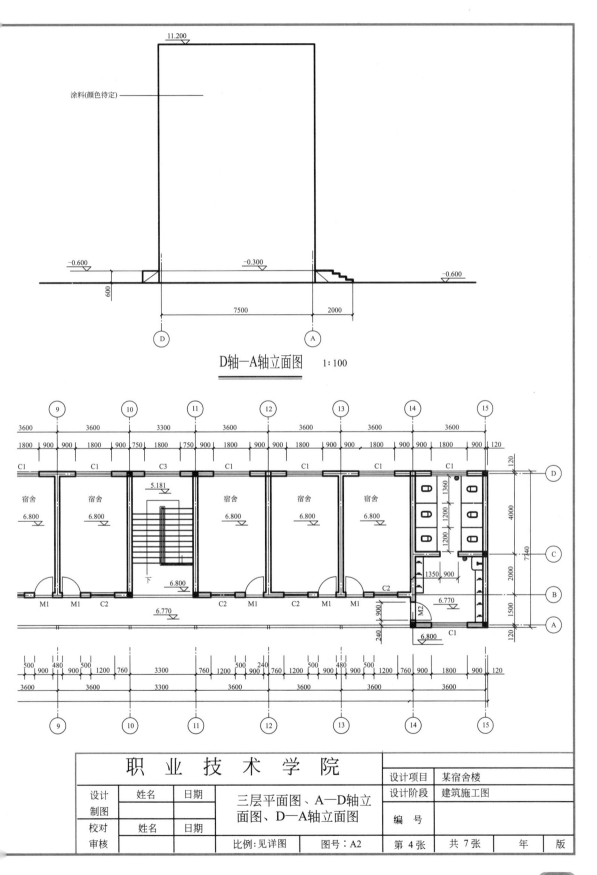

涂料(颜色待定)

11.200

−0.600   −0.300   −0.600

600

7500   2000

D   A

D轴—A轴立面图 1:100

9   10   11   12   13   14   15

3600   3600   3300   3600   3600   3600   3600

1800 900 900 1800 900 750 1800 750 900 1800 900 1800 900 1800 900 1800 900 120

C1   C1   C3   C1   C1   C1   C1   120

宿舍   宿舍   宿舍   宿舍   宿舍
6.800   6.800   5.181   6.800   6.800   6.800

1360
1200
1200

D

6.800

下

6.800   1350 900

C

6.770

M1 M1 C2   C2 M1 C2 M1 M1   C2
6.770   6.770

M2   6.800

900
240   6.800   C1

B

A

500 480 900 500 1200 760   760 1200 500 240 1200   500 480 500 1200 760 900 1800 900 120

3600   3600   3300   3600   3600   3600   3600

9   10   11   12   13   14   15

4000   7740   2000   1500   120

职 业 技 术 学 院				设计项目	某宿舍楼
设计 制图	姓名	日期	三层平面图、A—D轴立面图、D—A轴立面图	设计阶段	建筑施工图
				编 号	
校对	姓名	日期			
审核			比例:见详图	图号:A2	第4张 共7张 年 版

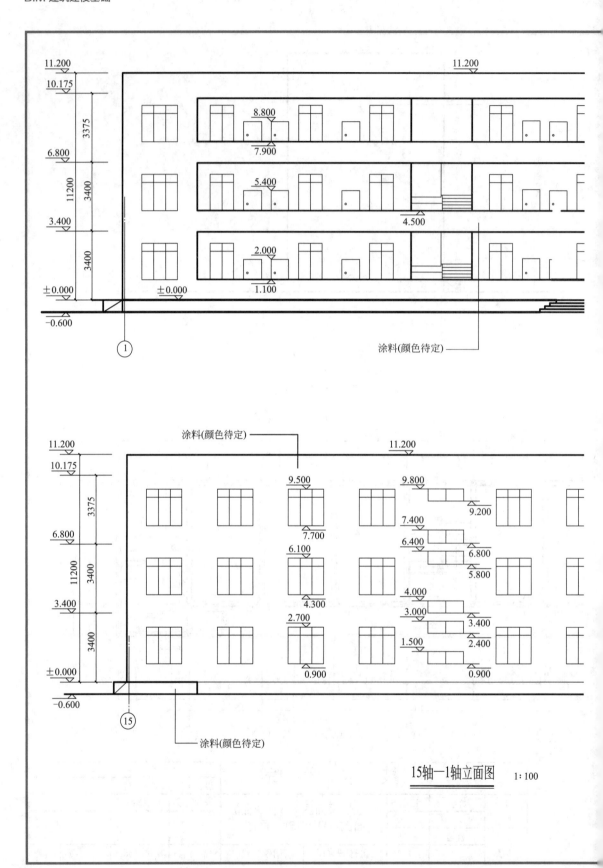

涂料(颜色待定)

涂料(颜色待定)

涂料(颜色待定)

15轴—1轴立面图   1：100

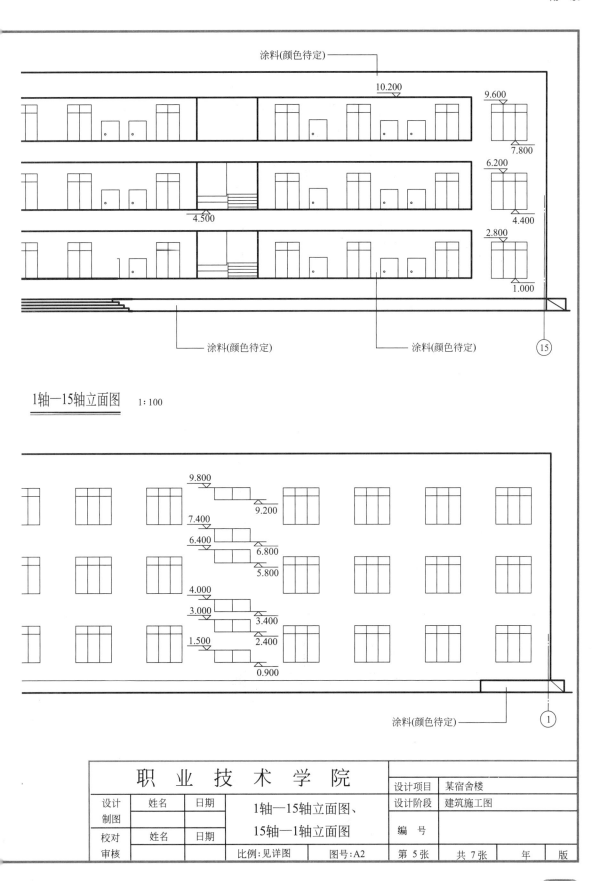

涂料(颜色待定)

10.200

9.600

7.800

6.200

4.500

4.400

2.800

1.000

涂料(颜色待定)

涂料(颜色待定)

(15)

1轴—15轴立面图   1:100

9.800

9.200

7.400

6.400   6.800

5.800

4.000

3.000   3.400

2.400

1.500

0.900

涂料(颜色待定)

(1)

职 业 技 术 学 院				设计项目	某宿舍楼
设计 制图	姓名	日期	1轴—15轴立面图、 15轴—1轴立面图	设计阶段	建筑施工图
校对	姓名	日期		编　号	
审核			比例:见详图　图号:A2	第 5 张　共 7 张	年　　版

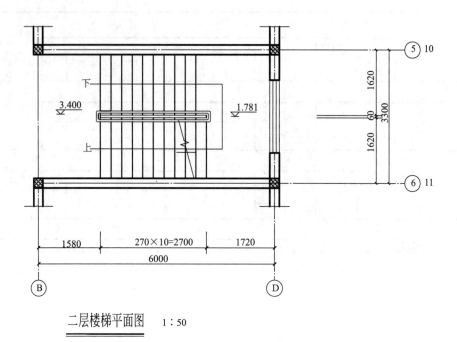

二层楼梯平面图　1：50

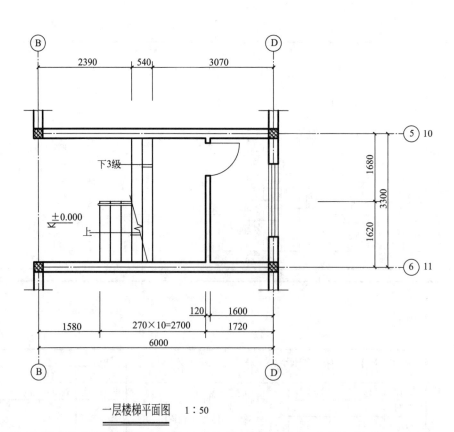

一层楼梯平面图　1：50

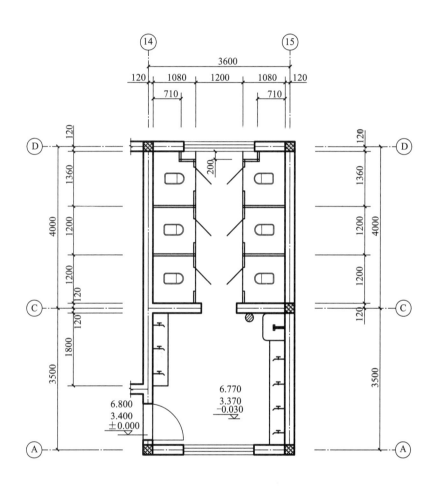

卫生间2大样图　1∶50

职 业 技 术 学 院				设计项目	某宿舍楼		
设计 制图	姓名	日期	一层楼梯平面图、二层楼 梯平面图、卫生间2大样图	设计阶段	建筑施工图		
校对	姓名	日期		编　号			
审核			比例:见详图	图号:A2	第 6 张	共 7 张	年　版

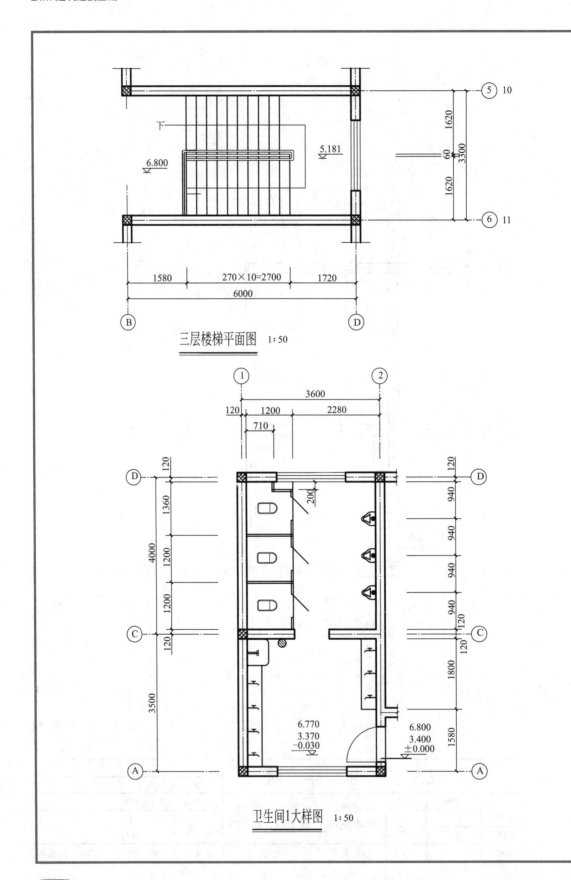

三层楼梯平面图　1∶50

卫生间1大样图　1∶50

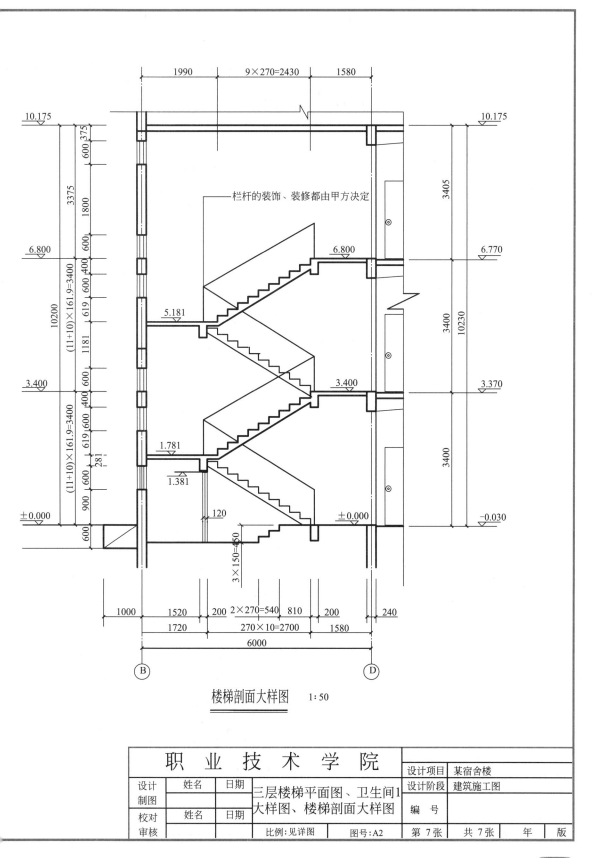

栏杆的装饰、装修都由甲方决定

楼梯剖面大样图　　1:50

职 业 技 术 学 院				设计项目	某宿舍楼		
设计制图	姓名	日期	三层楼梯平面图、卫生间1大样图、楼梯剖面大样图	设计阶段	建筑施工图		
校对	姓名	日期		编　号			
审核			比例:见详图	图号:A2	第7张	共7张	年　版

附录 3 某综合楼建筑施工图

建筑施工说明

一、设计依据

1. 建设单位及有关领导部门审批文件。

2. 住建局、规划和自然资源局等有关部门审批文件。

3. 国家颁发的有关建筑规范及规定。

二、总则

1. 凡设计及验收规范（如屋面、砌体、地面等）对建筑物所用材料规格、施工要求等有关的规定，本说明不再重复，均按有关规定执行。

2. 设计中采用标准图、通用图等，不论采用其局部节点或全部详图，均应按照各图要求全面施工。

3. 本工程施工时，必须与结构、电气、水暖、通风等专业的图纸密切配合。

三、设计标高及标注

1. 本建筑的室内±0.000m 标高相当于绝对标高 8.900m（如有变动请与设计人员、甲方单位协同解决）。

2. 剖面图所注各层标高，除屋面为结构标高外，其他均为建筑标高。

3. 本图纸中的标注，除标高以 m 为单位外，其他未特别说明的，均以 mm 为单位。

四、墙体

1. ±0.000 以下内外墙体采用 MU10 蒸压灰砂砖、M7.5 水泥砂浆砌筑；±0.000 以上外围护墙、阳台栏板、楼梯间与卫生间墙体选用 MU10 硅酸钙砌块、M5.0 水泥砂浆砌筑；其余用 MU10 硅酸钙砌块、M5.0 混合砂浆砌筑。

2. 墙体配筋应符合建筑抗震规范 GB 50011—2010 及苏 J 9509 中硅酸钙砌块墙的相关规定。

五、防潮层

防潮层采用 1：2 水泥砂浆掺 5% 的防水剂，20 厚，设于标高比该区域室内地坪低 60mm 处。

六、建筑构造

1. 外墙

① 刷乳胶漆（颜色由甲方自定）。

② 6 厚 1：2.5 水泥砂浆粉面压实抹光，水刷带出小麻面。

③ 12 厚 1：3 水泥砂浆打底。

2. 内墙

(1) 卫生间内墙（瓷砖墙面）

① 5 厚釉面砖白水泥浆擦缝（釉面砖颜色、规格由甲方自定）。

② 2~3 厚建筑陶瓷黏结剂。

③ 6 厚 1：2.5 水泥砂浆粉面。

④ 12 厚 1：3 水泥砂浆打底。

(2) 其他内墙

① 刷乳胶漆（颜色由甲方自定）。

② 5 厚 1：0.3：3 水泥石膏砂浆。

③ 12 厚 1：1：6 水泥石灰膏砂浆打底。

3. 屋面

(1) 檐口处

① 20 厚防水砂浆加 5% 防水剂。

② 20 厚 1：3 水泥砂浆找坡。

③ 预制板。

(2) 其他屋面

① 4 厚 SBS 防水卷材两道，银光粉保护膜。

② 20 厚 1：3 水泥砂浆找平层。

③ 40 厚（最薄处）1：8 珍珠岩 2% 找坡。

④ 20 厚 1：3 水泥砂浆找平层。

⑤ 40 厚 C20 细石混凝土整浇层，内配 φ4 钢筋，200 中-中。

⑥ 预制板。

4. 楼面

(1) 卫生间楼面（地砖楼面）

① 8~10 厚地砖楼面，干水泥擦缝。

② 5 厚 1：1 水泥砂浆结合层。

③ 15 厚 1：3 水泥砂浆找平层。

④ 聚氨酯三遍涂膜厚 1.5~1.8 防水层。

⑤ 20 厚 1：3 水泥砂浆找平层，四周抹小八方角。

⑥ 捣制钢筋混凝土楼板。

(2) 一般楼面

① 10 厚 1：2 水泥砂浆面层压实抹光。

② 15 厚 1：3 水泥砂浆找平层。

③ 预制或捣制钢筋混凝土楼板。

5. 地面

(1) 卫生间地面（地砖地面）

① 8~10 厚地面砖，干水泥擦缝。

② 撒素水泥面（洒适当清水）。

③ 10 厚 1：2 干硬性水泥砂浆结合层。

④ 刷素水泥浆一道，二毡三油防水层。

⑤ 20 厚 1：3 水泥砂浆粉光抹平。

⑥ 60 厚 C10 素混凝土随捣随抹。

⑦ 100 厚碎石或碎砖夯实。

⑧ 素土夯实。

(2) 一般地面

① 20 厚 1：3 水泥砂浆，压实抹光。

② 60 厚 C10 素混凝土随捣随抹。

③ 100 厚碎石或碎砖夯实。

④ 素土夯实。

注：防水层周边卷起高 150，所有楼面与墙面、竖管、转角处均附加 300 宽一布二油。

6. 顶棚

① 刷平顶涂料（颜色由甲方自定）。

② 6 厚 1：2.5 水泥砂浆粉面。

③ 6 厚 1：3 水泥砂浆打底。

④ 刷素水泥浆一道（内掺水重 3%~5% 的 107 胶）。

⑤ 捣制或预制钢筋混凝土板（预制板底用水加 10% 火碱清洗油腻）。

七、踢脚（与楼地面相同面层，高度 150）

12 厚 1：2 水泥砂浆打底。

八、门窗

1. 立樘位置：门居中；窗居中。

2. 门窗材料详见门窗表，塑钢窗窗框、门窗玻璃厚度等应由门窗厂根据工程使用要求、材料性能具体设计确定。

3. 不露钢构件做二度调和漆。

4. 加工安装应严格按照国家现行的施工及验收规范执行。

九、落水管

落水管及水斗选用 UPVC 材料，雨水管的管径为 φ100。

十、散水

① 12 厚 1：2 水泥砂浆抹面。

② 100 厚 C15 混凝土。

③ 80 厚碎石垫层，30m 设一道伸缩缝，缝内填沥青麻丝。

十一、所有管道穿墙孔均应事先预留

十二、建筑色彩

涉及建筑立面整体效果的颜色，请施工单位先做试块，经业主确认、同意后方可施工。

图纸目录

序号	图纸名称	图　号			张数	折合二号图	备注
		本设计	复用图	标准图			
1	建筑施工说明、图纸目录、门窗表	建施-1			1	2#	
2	一层平面图	建施-2			1	2#	
3	二层平面图	建施-3			1	2#	
4	三层平面图	建施-4			1	2#	
5	屋顶平面图 A 轴—E 轴、E 轴—A 轴立面图	建施-5			1	2#	
6	1 轴—14 轴立面图 14 轴—1 轴立面图	建施-6			1	2#	
7	1—1、2—2 剖面图、门窗大样图	建施-7			1	2#	
8	楼梯大样图	建施-8			1	2#	
9							
10							
11							
12							
13							
14							
15							
16							
17							

本设计	张	复用设计	张	标准图	张
折一号图	张	折一号图	张	折一号图	张

工程名称	××学院
设计项目	某综合楼
设计阶段	施工图

××××工程设计有限公司

设　计		
制　图		
校　核		
审　核		

图纸目录

第 1 张　　共 1 张

门窗表

序号	编号	数量	洞口尺寸（长×高）/（mm×mm）	备注
1	M1	25	1000×2200	木门，详见建施-8
2	M2	5	800×1850	木门，详见建施-8
3	M3	4	800×2200	木门，详见建施-8
4	C1	22	2400×2200	塑钢窗，详见建施-8
5	C2	4	600×2200	塑钢窗，详见建施-8
6	C3	18	1200×2200	塑钢窗，详见建施-8
7	C4	12	1500×600	塑钢窗，详见建施-8
8	C5	3	2400×2600	塑钢窗，详见建施-8
9	C6	2	600×2600	塑钢窗，详见建施-8
10	C7	7	1200×2600	塑钢窗，详见建施-8

职 业 技 术 学 院

设计项目	某综合楼
设计阶段	建筑施工图

设计制图	姓名	日期	建筑施工说明、图纸目录、门窗表
校对	姓名	日期	
审核			比例：见图　图号：A2

编　号

第 1 张　共 8 张　年　版

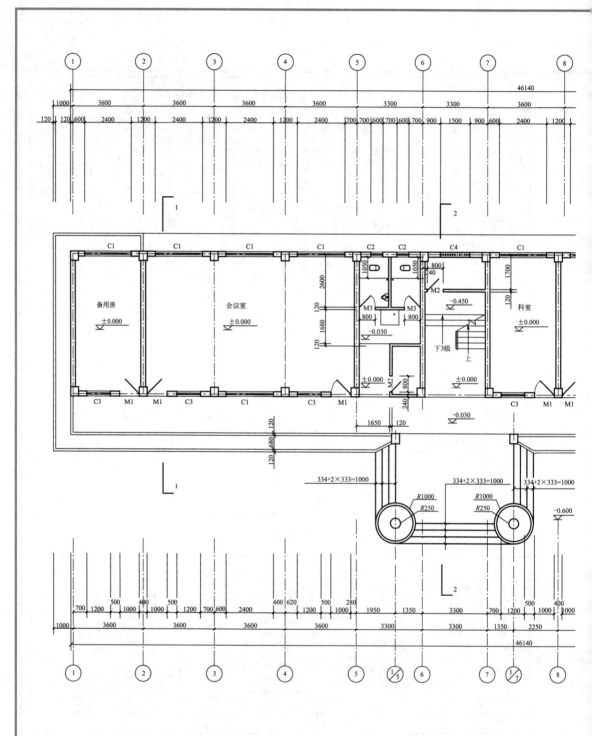

一层平面图　1:100

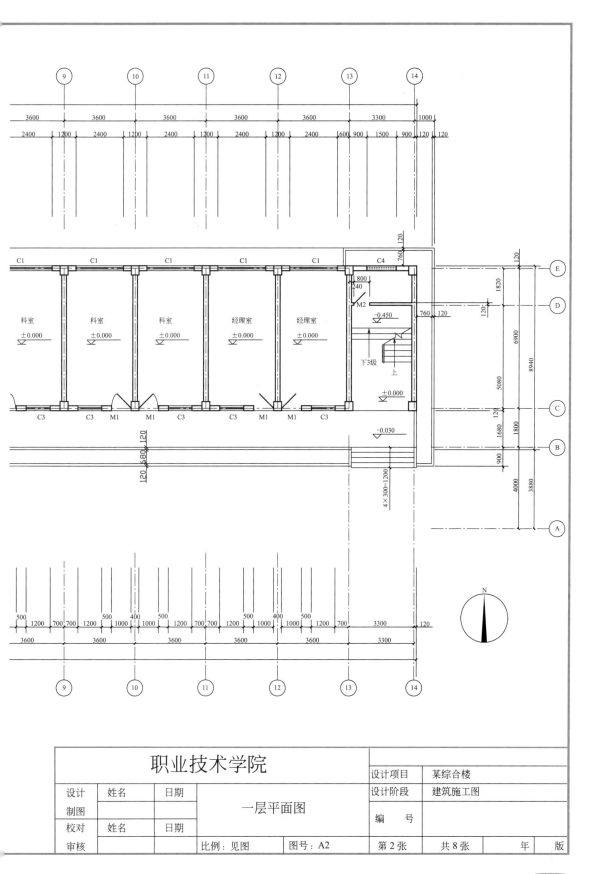

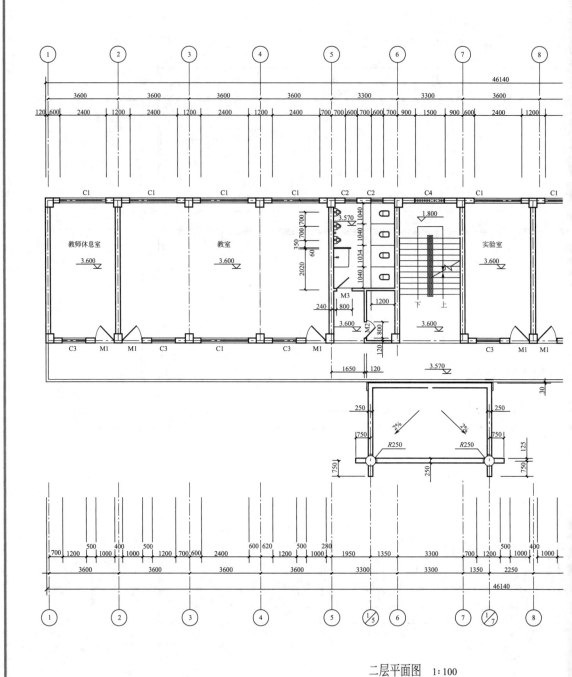

二层平面图 1:100

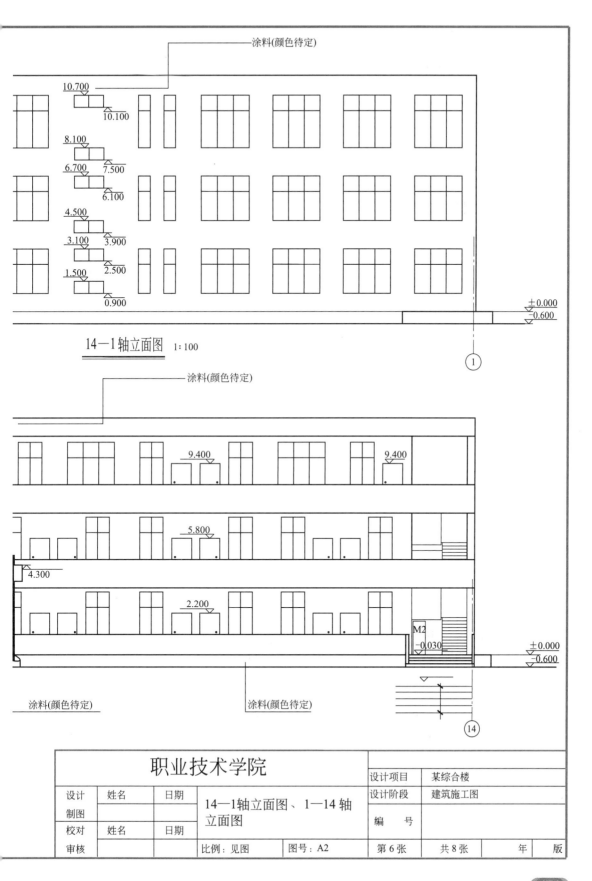

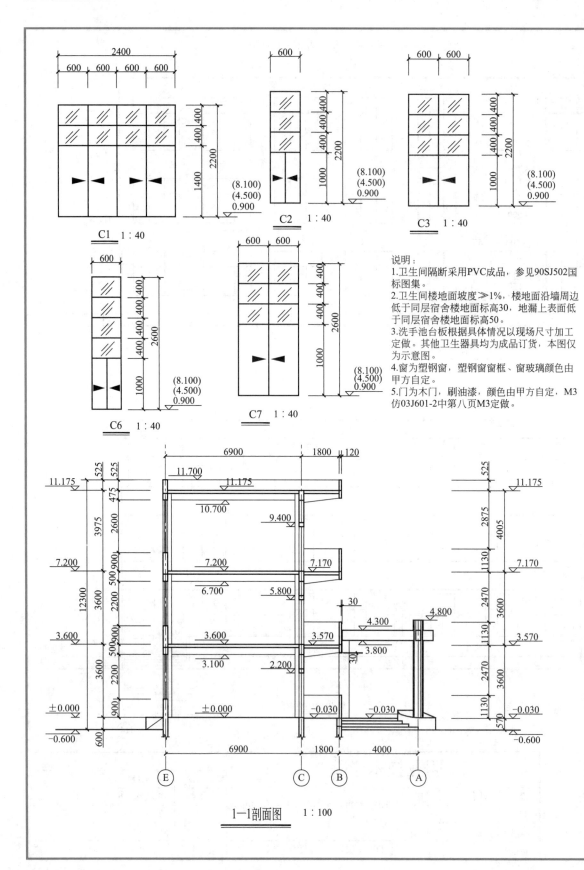

说明：
1.卫生间隔断采用PVC成品，参见90SJ502国标图集。
2.卫生间楼地面坡度≥1%，楼地面沿墙周边低于同层宿舍楼地面标高30，地漏上表面低于同层宿舍楼地面标高50。
3.洗手池台板根据具体情况以现场尺寸加工定做。其他卫生器具均为成品订货，本图仅为示意图。
4.窗为塑钢窗，塑钢窗窗框、窗玻璃颜色由甲方自定。
5.门为木门，刷油漆，颜色由甲方自定，M3仿03J601-2中第八页M3定做。

C1 1：40
C2 1：40
C3 1：40
C6 1：40
C7 1：40

1—1剖面图   1：100

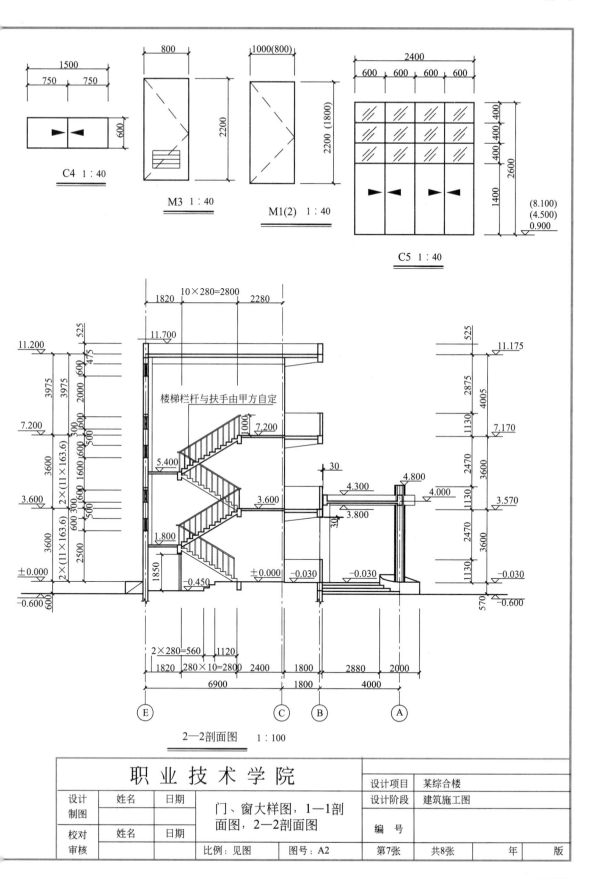

C4 1:40

M3 1:40

M1(2) 1:40

C5 1:40

楼梯栏杆与扶手由甲方自定

2—2剖面图 1:100

职 业 技 术 学 院			设计项目	某综合楼
设计制图	姓名	日期	门、窗大样图，1—1剖面图，2—2剖面图	设计阶段 建筑施工图
校对	姓名	日期		编 号
审核			比例:见图 图号:A2	第7张 共8张 年 版

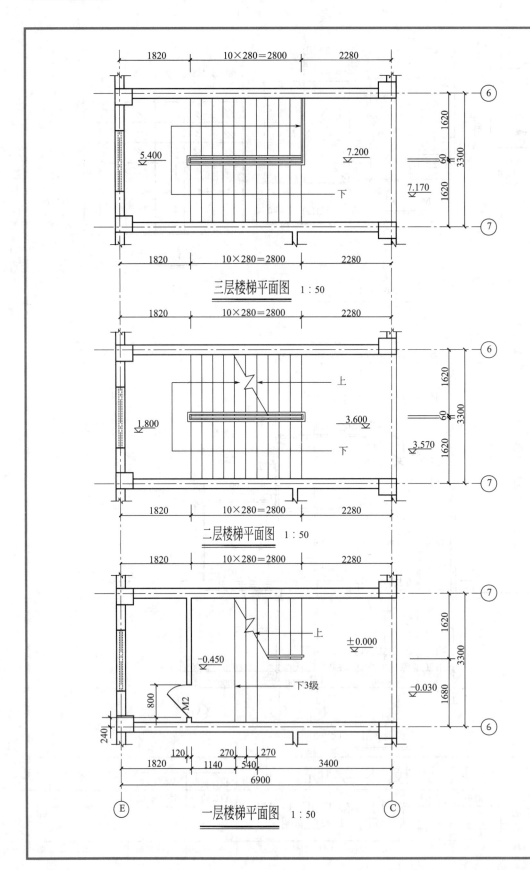

三层楼梯平面图 1：50

二层楼梯平面图 1：50

一层楼梯平面图 1：50

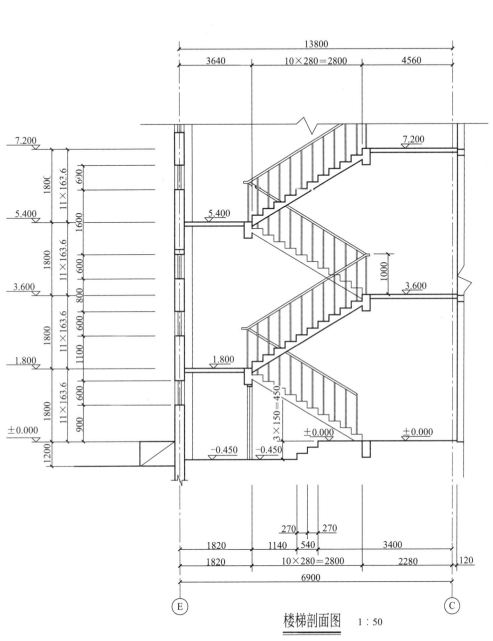

楼梯剖面图　1：50

说明：13轴—14轴间的楼梯大样图
图同 6轴—7轴之间的楼梯大样图。

职 业 技 术 学 院				设计项目	某综合楼
设计 制图	姓名	日期	**楼梯大样图**	设计阶段	建筑施工图
				编　号	
校对	姓名	日期			
审核			比例：见图	图号：A2	第8张　共8张　年　版

附录 4　测试 A

课程名称：<u>BIM 建筑建模基础</u>　　开课性质：<u>考查</u>
适用班级：<u>　　　　　　　</u>　　　考试方式：<u>上机</u>

班级：<u>　　　　</u>　学号：<u>　　　　</u>　姓名：<u>　　　　</u>　得分：<u>　　　　</u>

一、评分标准：

题号	标高	轴网	一层	二层	标准层	屋顶	楼梯	总分
满分	10	10	30	10	20	10	10	
得分								

二、创建某住宅楼 BIM 模型

1. 考核时间为 2 小时。

2. 上交成果文件夹命名：班级名称 - 学号（两位数）- 姓名。

三、考试条件

某住宅楼建筑施工图，详见附录 1。

附录 5　测试 B

课程名称：<u>BIM 建筑建模基础</u>　　开课性质：<u>考查</u>
适用班级：<u>　　　　　　　</u>　　　考试方式：<u>上机</u>

班级：<u>　　　　</u>　学号：<u>　　　　</u>　姓名：<u>　　　　</u>　得分：<u>　　　　</u>

一、评分标准：

题号	标高	轴网	一层	二层	三层	屋顶	楼梯	总分
满分	10	10	30	10	20	10	10	
得分								

二、创建某宿舍楼 BIM 模型

1. 考核时间为 2 小时。

2. 上交成果文件夹命名：班级名称 - 学号（两位数）- 姓名。

三、考试条件

某宿舍楼建筑施工图，详见附录 2。

附录6 测试 C

课程名称：<u>BIM 建筑建模基础</u>　　　　开课性质：<u>考查</u>

适用班级：<u>　　　　　　　</u>　　　　考试方式：<u>上机</u>

班级：<u>　　　　</u>　学号：<u>　　　　</u>　姓名：<u>　　　　</u>　得分：<u>　　　　</u>

一、评分标准：

题号	标高	轴网	一层	二层	标准层	屋顶	楼梯	总分
满分	10	10	30	10	20	10	10	
得分								

二、创建综合楼项目 BIM 模型

1. 考核时间为 2 小时。

2. 上交成果文件夹命名：班级名称 - 学号（两位数）- 姓名。

三、考试条件

某综合楼项目建筑施工图，详见附录 3。

附录 7 "1+X" 建筑信息模型（BIM）职业技能等级考试初级——实操试题 1

一、下图为某凉亭模型的立面图和平面图，请按照图示尺寸建立凉亭实体模型（立体形状如图所示），以"凉亭＋考生姓名"保存在考生文件夹中（20 分）。

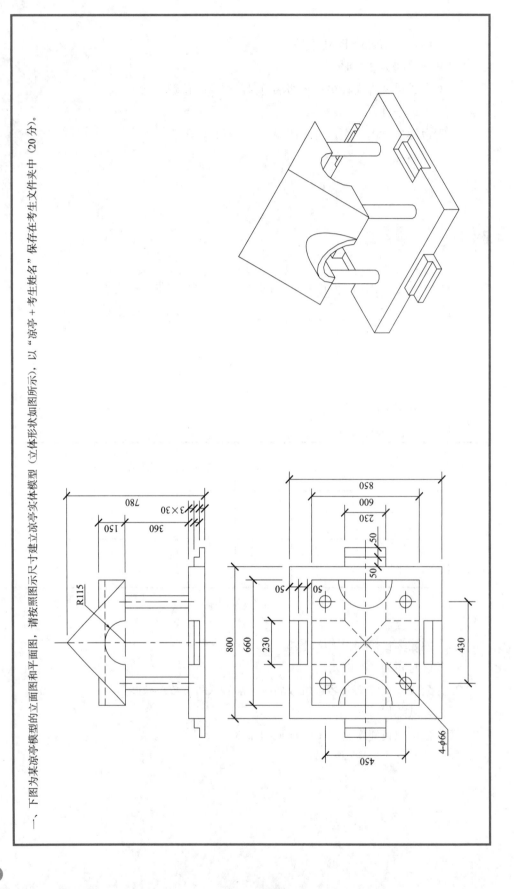

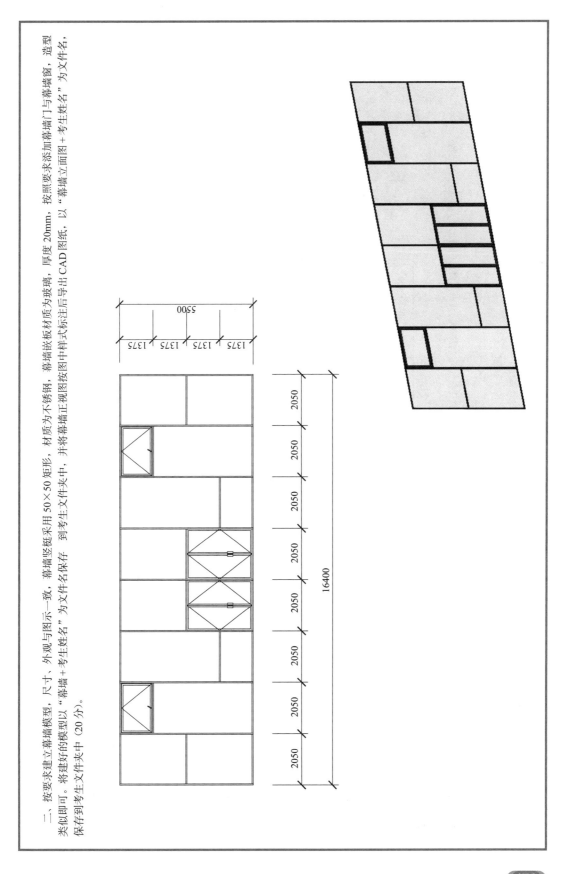

二、按要求建立幕墙模型，尺寸、外观与图示一致，幕墙竖梃采用 50×50 矩形，材质为不锈钢，幕墙嵌板材质为玻璃，厚度 20mm，按照要求添加幕墙门与幕墙窗，造型类似即可。将建好的模型以 "幕墙＋考生姓名" 为文件名保存 到考生文件夹中，并将幕墙正视图按图中样式标注后导出 CAD 图纸，以 "幕墙立面图＋考生姓名" 为文件名，保存到考生文件夹中（20 分）。

附 录

179

三、综合建模（以下两道考题，考生二选一作答）（40分）

考题一：根据以下要求和给出的图纸，创建模型并将结果输出。在考生文件夹下新建名为"第三题输出结果"的文件夹，将结果文件保存在该文件夹中。（40分）

1. BIM建模环境设置（1分）

设置项目信息：①项目发布日期：2019年9月20日；②项目编号：2019001-1。

2. BIM参数化建模（29分）

(1) 根据给出的图纸创建标高、轴网、墙、门、窗、柱、屋顶、楼板、楼梯、洞口、台阶、扶手、卫生洁具等。其中，要求门窗尺寸、位置、标记名称正确。未标明尺寸与样式不作要求。（24分）

(2) 主要建筑构件参数要求如下：（5分）

外墙240	10厚仿砖涂料
	220厚加气混凝土
	10厚白色涂料
内墙200	10厚仿砖涂料
	220厚加气混凝土
	10厚白色涂料

结构柱	Z1: 400×500
	Z2: 400×400
楼板	10厚瓷砖
	140厚混凝土
屋顶	150厚，坡度1%

3. 创建图纸（8分）

(1) 创建门窗表，要求包含类型标记、宽度、高度、底高度、合计，并计算总量。（2分）

门	M1	1800×2400
	M2	1500×2400
	M3	750×2000
窗	C1	1600×1800
	C2	1800×2000
	C3	800×1200

(2) 建立A3尺寸图纸，创建"1-1剖面图"，样式要求包括尺寸标注；视图比例：1：100；图纸命名：1-1剖面图；轴头显示样式：在底部显示。（6分）

4. 模型文件管理（2分）

(1) 用"别墅+考生姓名"为项目文件命名，并保存项目。（1分）

(2) 将创建的"1-1剖面图"图纸导出为AutoCAD.DWG文件，命名为"1-1剖面图"。（1分）

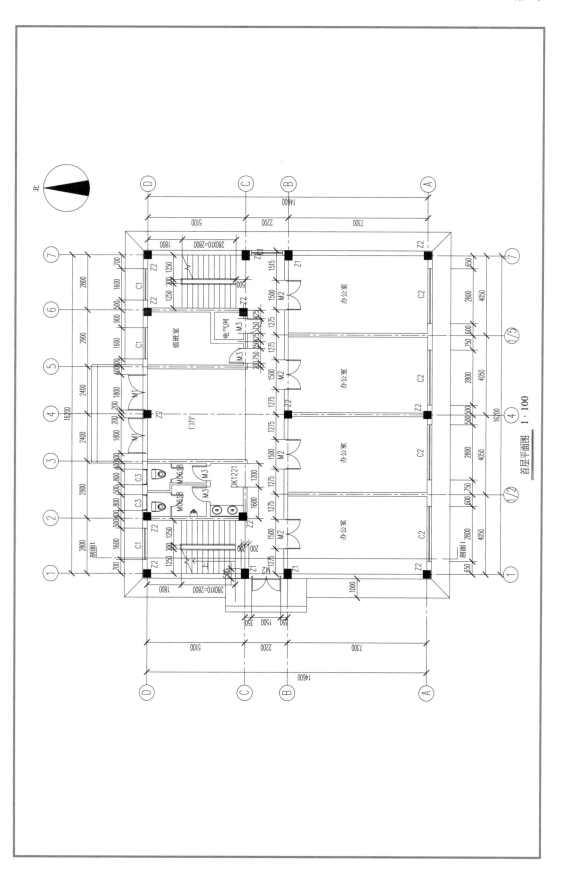

首层平面图 1：100

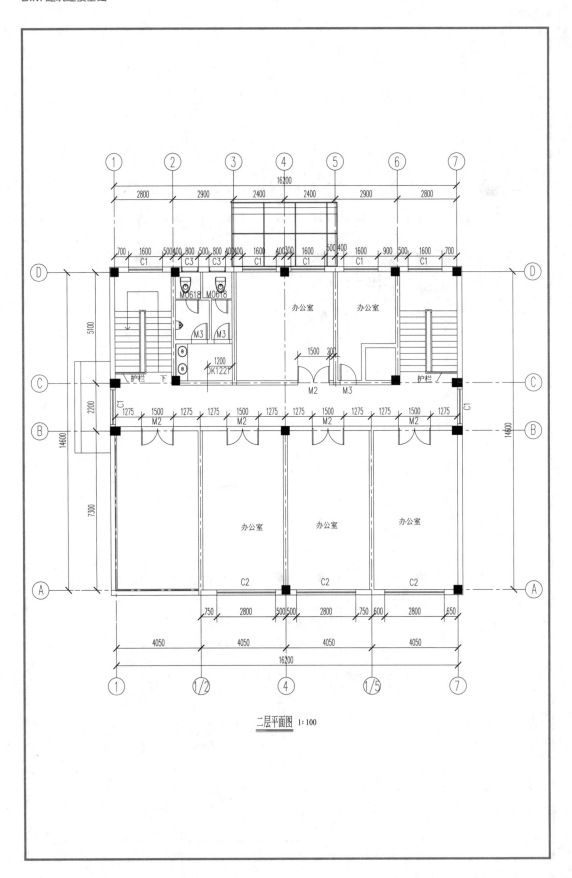

二层平面图 1:100

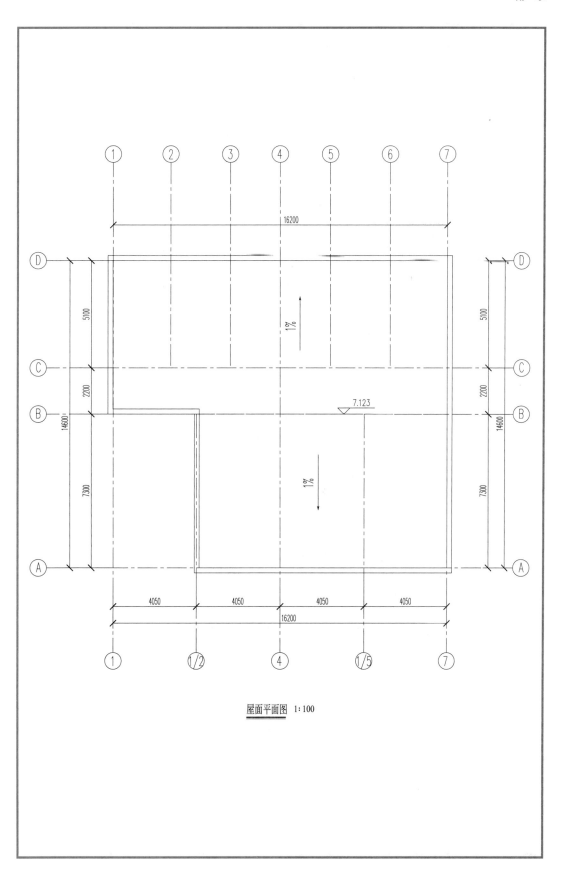

屋面平面图 1:100

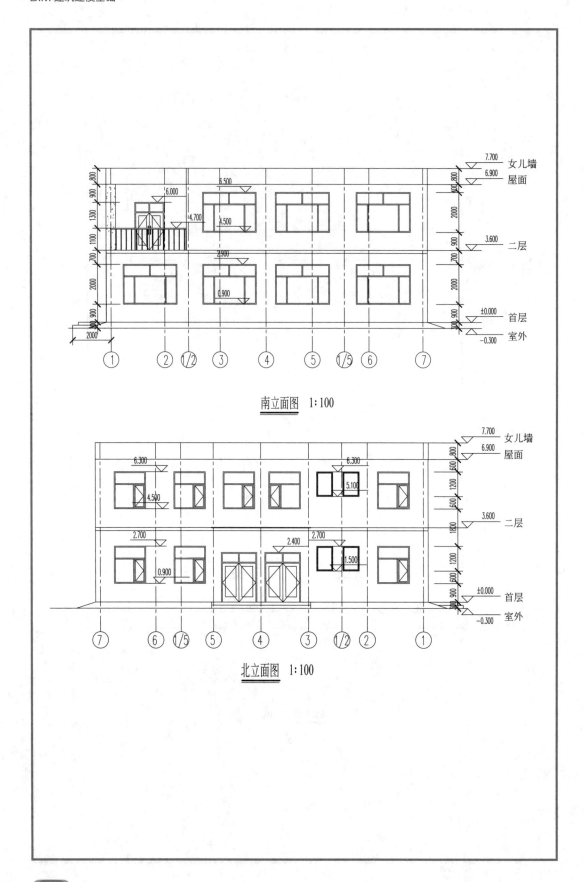

南立面图 1:100

北立面图 1:100

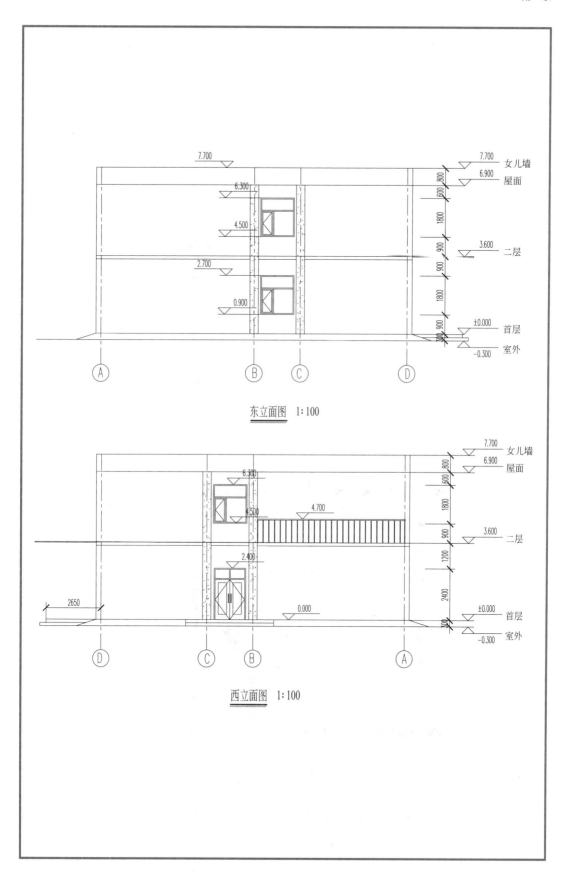

东立面图 1:100

西立面图 1:100

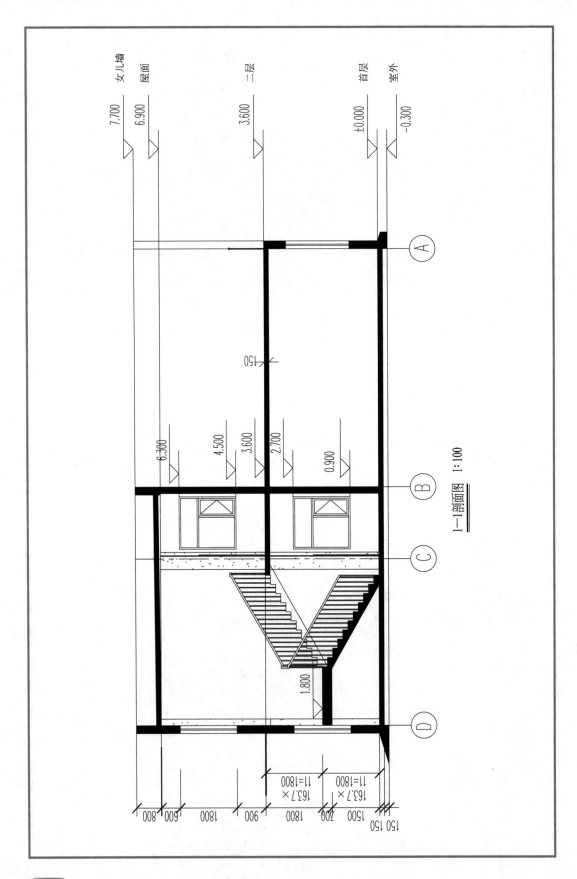

1—1剖面图 1:100

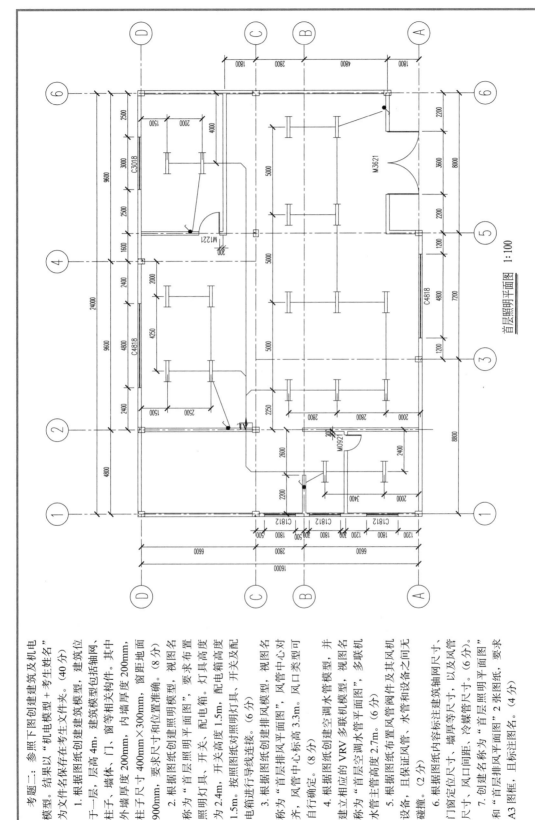

首层照明平面图 1:100

考题二：参照下图创建建筑及机电模型。结果以"机电模型+考生姓名"为文件名保存在考生文件夹。(40分)

1. 根据图纸创建建筑模型，建筑位于一层，层高 4m，建筑模型包括轴网、柱子、墙体、门、窗等相关构件。其中外墙厚度 200mm，内墙厚度 200mm，柱子尺寸 400mm×300mm，窗距地面 900mm，要求尺寸和位置准确。(8分)

2. 根据图纸创建照明模型，视图名称为"首层照明平面图"，要求布置照明灯具、开关、配电箱。灯具高度为 2.4m，开关高度 1.5m，配电箱高度1.5m。按照图纸对照明灯具、开关及配电箱连接进行导线连接。(6分)

3. 根据图纸创建排风模型，视图名称为"首层排风平面图"，风管中心对齐，风管中心标高 3.3m。风口类型可自行确定。(8分)

4. 根据图纸创建空调水管模型，并建立相应的 VRV 多联机模型，视图名称为"首层空调水管平面图"，多联机水管主管高度 2.7m。(6分)

5. 根据图纸创建风管阀件及其风机设备，且保证风管、水管和设备之间无碰撞。(2分)

6. 根据图纸内容标注建筑轴网尺寸、门窗定位尺寸、墙厚等尺寸、以及风管尺寸、风口间距、冷媒管尺寸。(6分)

7. 创建名称为"首层排风平面图"和"首层照明平面图"2张图纸，要求 A3 图框，目标注图名。(4分)

附 录

187

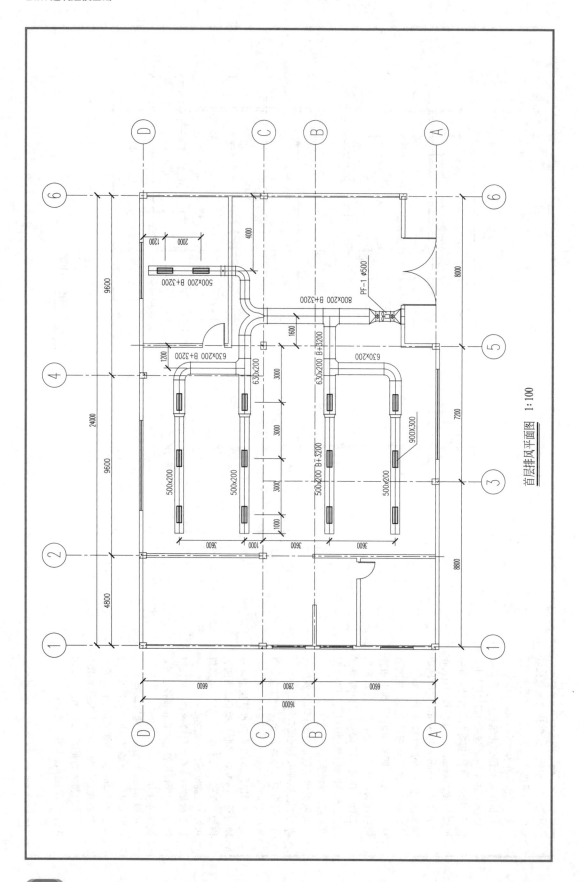

首层排风平面图 1:100

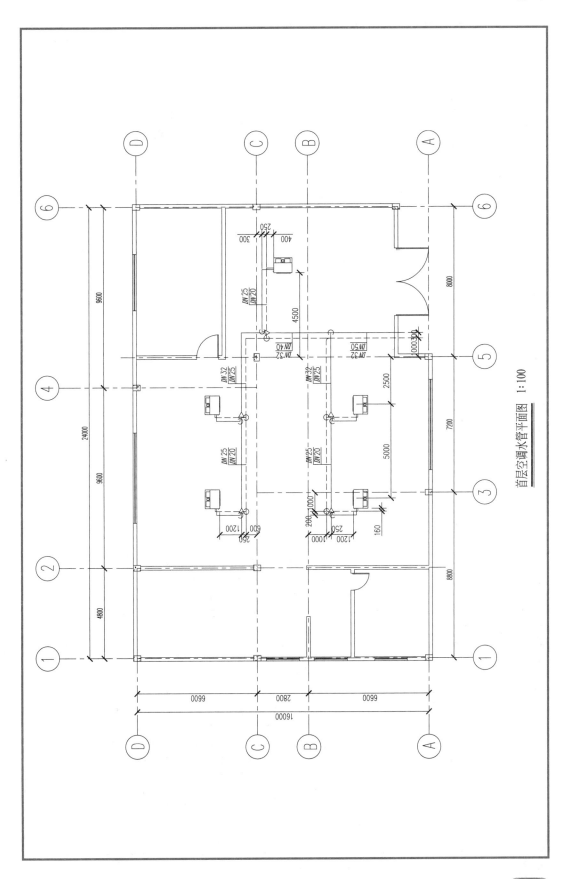

首层空调水管平面图 1:100

附录 8 "1+X" 建筑信息模型（BIM）职业技能等级考试初级——实操试题 2

一、绘制下图墙体、墙体类型、墙体高度、墙体厚度及墙体长度自定义，材质为灰色普通砖，并参照下图标注尺寸在墙体上开一个拱门洞。以内建常规模型的方式沿洞口生成装饰门框，门框轮廓材质为樱桃木，样式见 1—1 剖面图。创建完成后以"拱门墙＋考生姓名"为文件名保存至考生文件夹中。（20 分）

要求：（1）绘制墙体，完成洞口创建；

（2）正确使用内建模型工具绘制装饰门框。

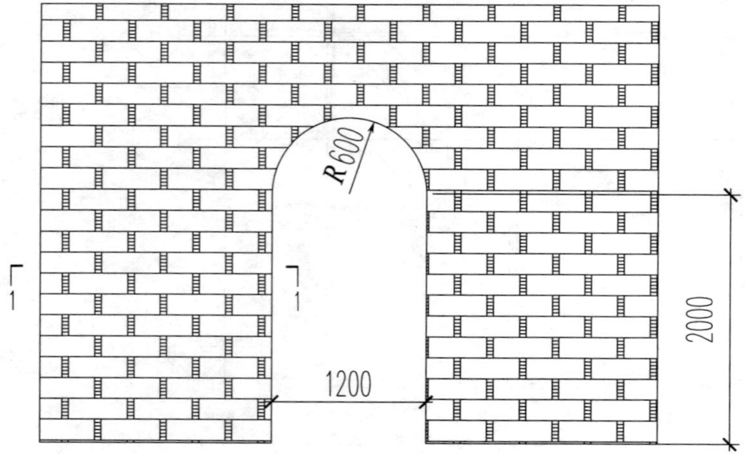

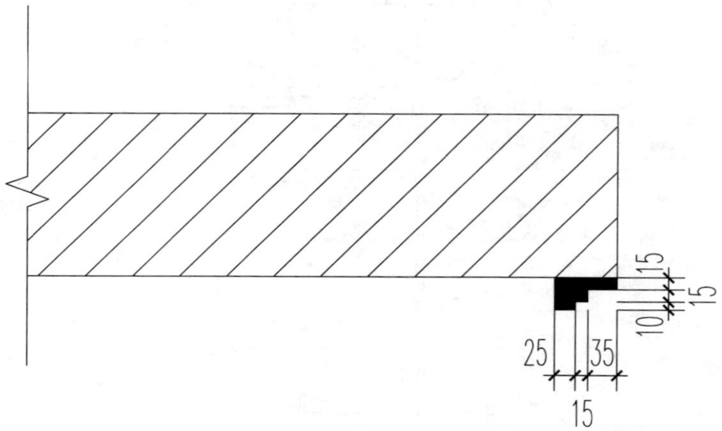

1—1剖面图 1:50

门洞尺寸 1:100

二、创建下图模型：（1）面墙为厚度 200mm 的"常规 −200mm 厚面墙"，定位线为"核心层中心线"；（2）幕墙系统为网格布局 600mm×1000mm（即横向网格间距为 600mm，竖向网格间距为 1000mm），网格上均设置竖梃，竖梃均为圆形竖梃，半径 50mm；（3）屋顶为厚度为 400mm 的"常规 −400mm"屋顶；（4）楼板为厚度为 150mm 的"常规 −150mm"楼板。标高 1 至标高 6 上均设置楼板。请将该模型以"体量楼层 + 考生姓名"为文件名保存至考生文件夹中。（20 分）

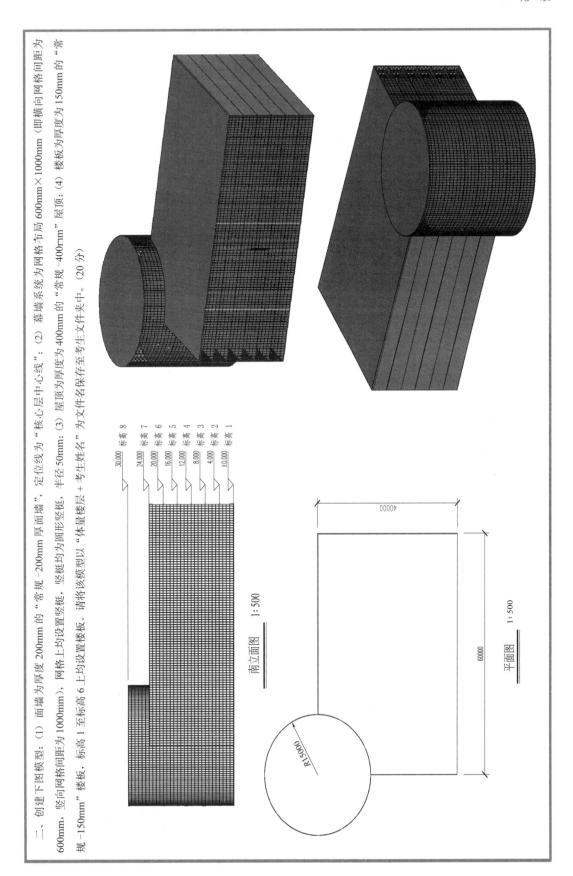

30.000　标高 8
24.000　标高 7
20.000　标高 6
16.000　标高 5
12.000　标高 4
8.000　标高 3
4.000　标高 2
±0.000　标高 1

南立面图　1：500

40000

60000

R15000

平面图　1：500

三、综合建模（以下两道题考生二选一作答）（40 分）

考题一：根据以下题目要求及图纸给定的参数，建立"样板楼"模型，平面图详见图纸。

1. BIM 建模环境设置（1 分）

设置项目信息：①项目发布日期：2019 年 11 月 23 日；②项目编号：2019001-1。

2. BIM 参数化建模（30 分）

（1）布置墙体、楼板、屋面。

①建立墙体模型

a. "外墙 -240- 红砖"，结构厚 200mm，材质"砖"，普通、红色"，外侧装饰面层材质"瓷砖、机制"，厚度 20mm；内侧装饰面层材质"涂料、米色"，厚度 20mm。

b. "内墙 200- 加气块"结构厚 200mm，材质"混凝土砌块"。

②建立各层楼板和屋面模型

a. "楼板 -150- 混凝土"，结构厚 150mm，材质"混凝土、现场浇筑 -C30"，顶部均与各层标高平齐。

b. "屋面 -200 混凝土"，结构厚 200mm，材质"混凝土、现场浇筑 -C30"，各坡面坡度均为 30°，边界与外墙外边缘平齐。

（2）布置门窗。

①按平、立面图要求，精确布置外墙门窗，内墙门窗位置合理布置即可，不需要精确布置。

②门窗要求

a. M1527：双扇推拉门 - 带亮窗，规格宽 1500mm，高 2700mm。

b. M1521：双扇推拉门，规格宽 1500mm，高 2100mm。

c. M0921：单扇平开门，规格宽 900mm，高 2100mm。

d. JLM3024：水平卷帘门，规格宽 3000mm，高 2400mm。

e. C2425：组合窗双层三列 - 上部双窗，宽 2400mm，高 2500mm，窗台高度 500mm。

f. C2626：单扇平开窗，宽 2600mm，高 2600mm，窗台高度 600mm。

g. C1515：固定窗，宽 1500mm，高 1500mm，窗台高度 800mm。

h. C4533：凸窗 - 双层双列，窗台外挑 140mm，窗台外挑高度 30mm，宽 4500mm，高 3300mm，框架宽度 50mm，框架厚度 80mm，上部窗扇宽度 600mm，窗台外挑宽度 840mm，首层窗台高度 600mm 二层窗台高度 30mm。

（3）布置楼梯，栏杆扶手，坡道。

①按平、立面要求布置楼梯，采用系统自带构件，名称为"整体现浇楼梯"，并设置最大踢面高度 210mm，最小踏板深度 280mm，梯段宽度 1305mm。

②楼梯栏杆：栏杆扶手 900mm。

③露台栏杆：玻璃嵌板 - 底部填充，高度 900mm。

④坡道：按图示尺寸建立。

3. 建立门窗明细表：均应包含"类型、类型标记、宽度、高度、标高、底高度、合计"字段，按类型和标高进行排序（2 分）

4. 添加尺寸，创建门窗标记，高程注释（2 分）

（1）尺寸标记。尺寸标记类型为：对角线 3mm RomanD，并修改文字大小为 4mm。

（2）门窗标记。修改窗标记：编辑标记，编辑文字大小为 3mm，完成后载入到项目中覆盖。

（3）标高标记。对窗台，露台，屋顶进行标高标记。

5. 创建图纸创建一层平面布置图及南立面布置图两张图纸（2 分）

（1）图框类型：A2 公制图框。

（2）类型名称：A2 视图。

（3）标题要求：视图上的标题必须和考题图纸一致，图纸名称和考题图纸一致。

6. 模型渲染（2 分）

对房屋的三维模型进行渲染，设置背景为"天空：少云"，照明方案为"室外：日光和人造光"，质量设置为"中"，其他未标明选项不作要求，结果以"样板房渲染 + 考生姓名.JPG"为文件名保存至本题文件夹中。

7. 请以"样板房 + 考生姓名"命名保存至考生文件夹中（1 分）

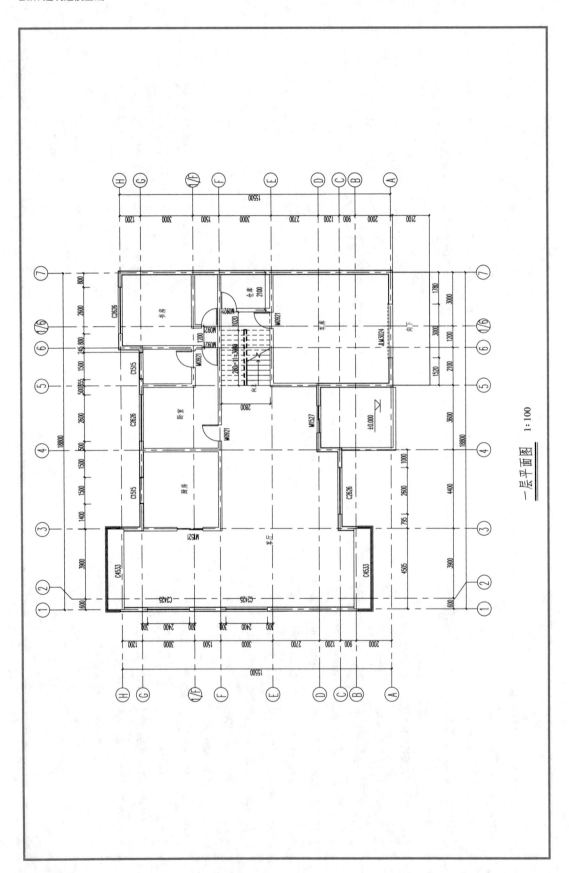

一层平面图 1:100

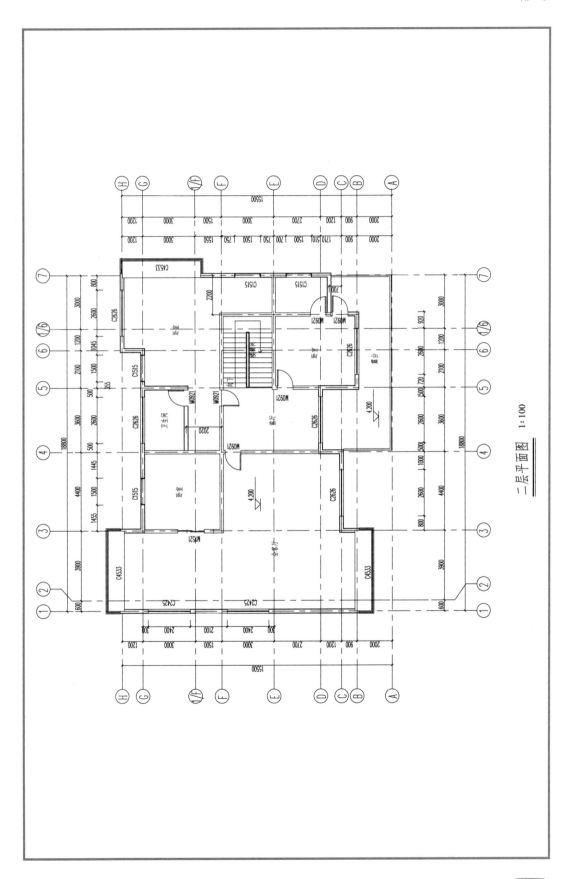

二层平面图 1:100

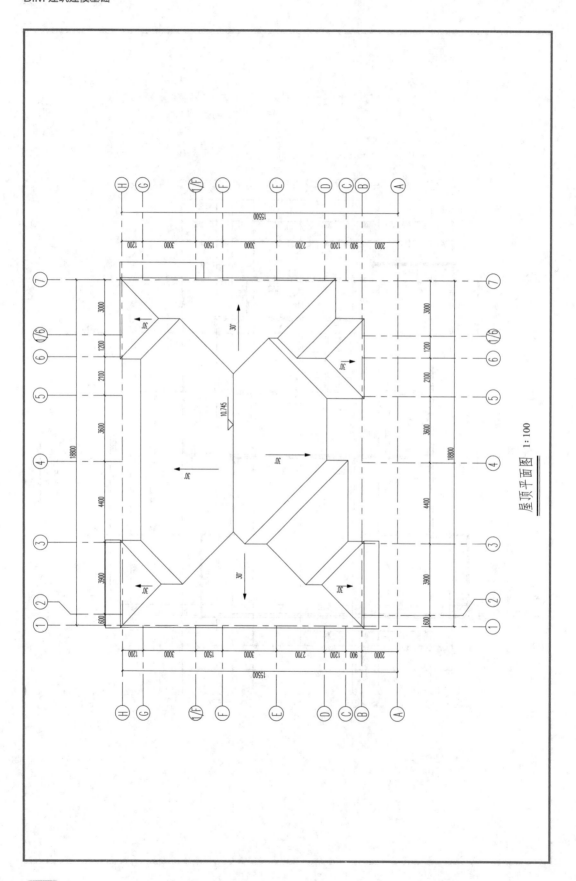

屋顶平面图 1:100

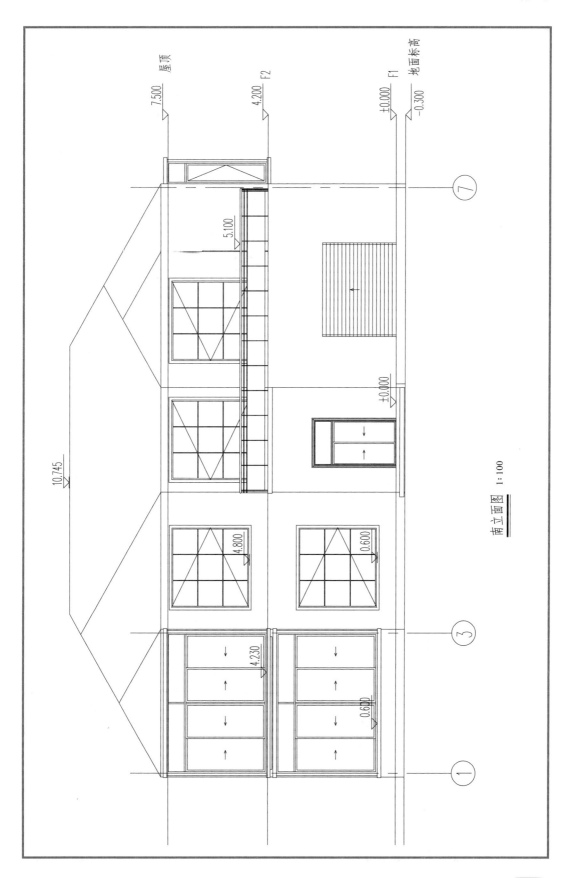

南立面图 1:100

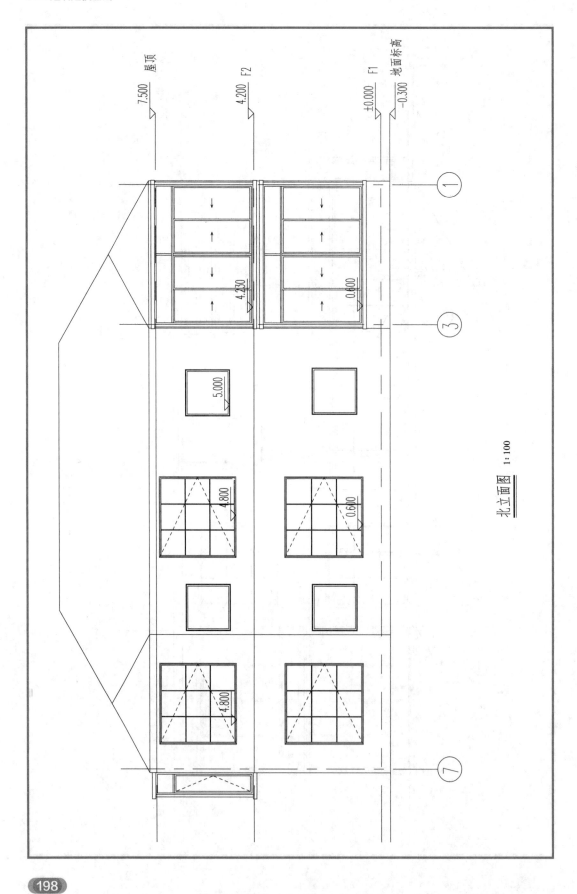

北立面图 1:100

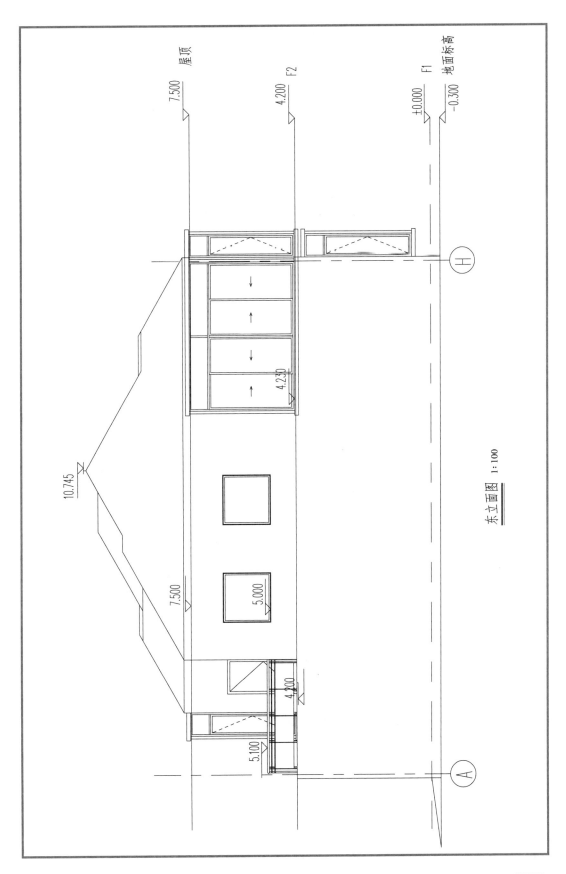

东立面图 1:100

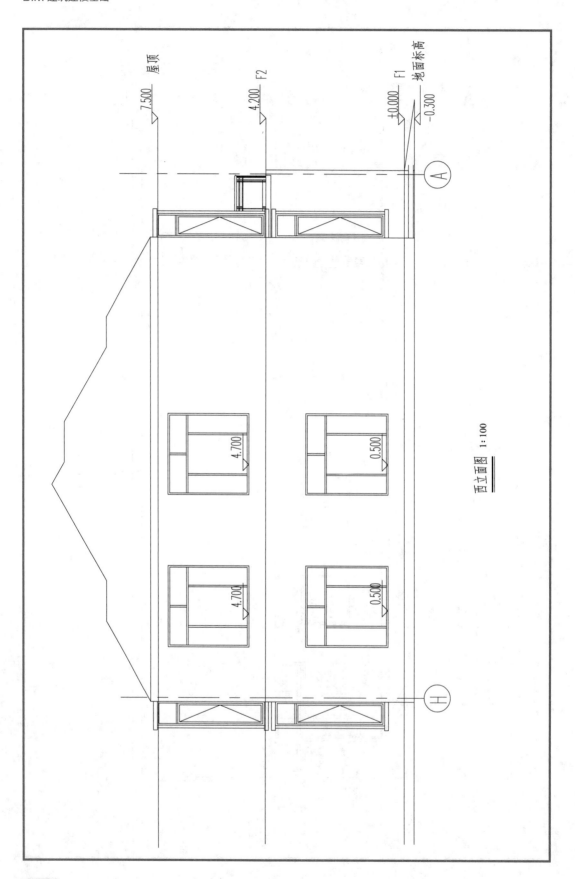

西立面图 1:100

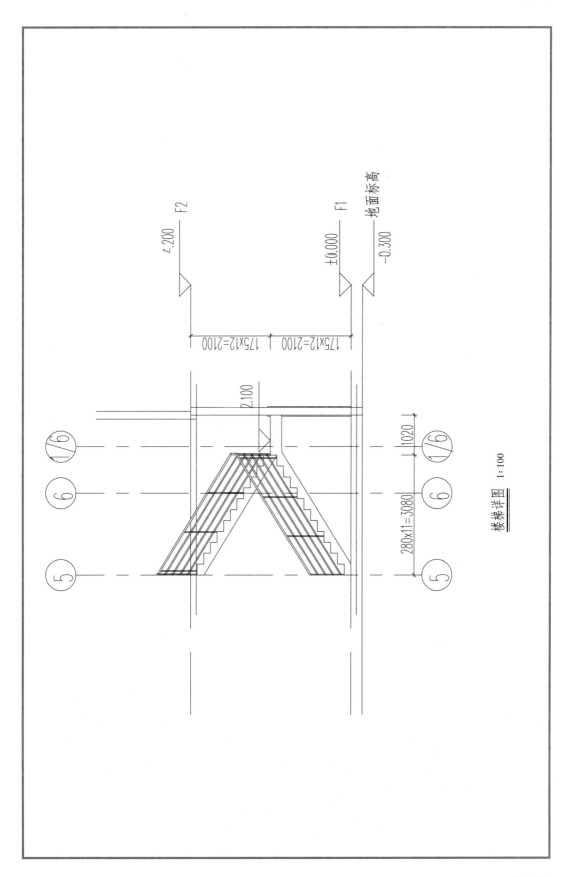

楼梯详图　1 : 100

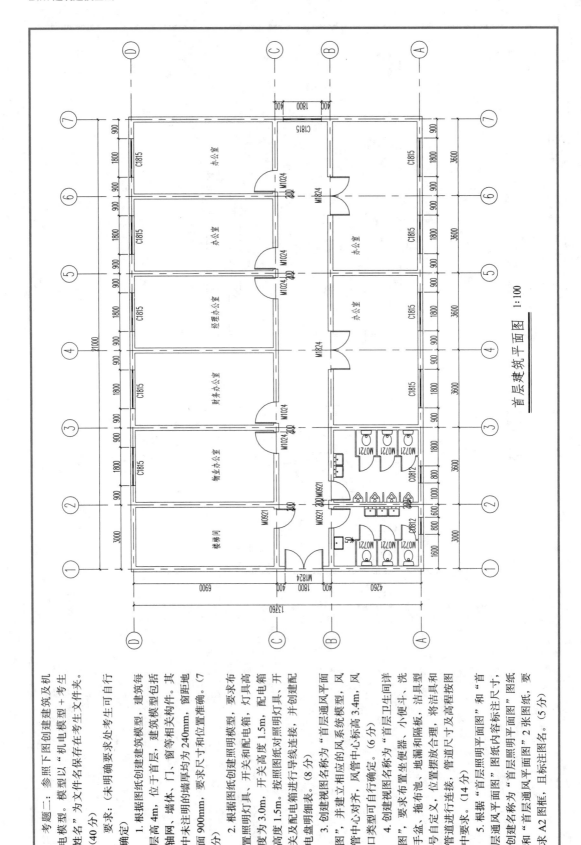

首层建筑平面图 1:100

考题二: 参照下图创建建筑及机电模型。模型以"机电模型+考生姓名"为文件名保存在考生文件夹。(40分)

要求: (未明确要求处考生可自行确定)

1. 根据图纸创建建筑模型，建筑每层高 4m，位于首层，建筑模型包括轴网、墙体、门、窗等相关构件。其中未注明的墙厚均为 240mm，窗距地面 900mm，要求尺寸和位置准确。(7分)

2. 根据图纸创建照明模型，要求布置照明灯具，开关和配电箱，灯具高度为 3.0m，开关高度 1.5m，配电箱高度 1.5m。按照图纸对照明灯具，开关及配电箱进行导线连接，并创建配电盘明细表。(8分)

3. 创建视图名称为"首层通风平面图"，并建立相应的风系统模型，风管中心定位，风管中心标高 3.4m，风口类型可自行确定。(6分)

4. 创建视图名称为"首层卫生间详图"，要求布置坐便器、小便斗、洗手盆、拖布池、地漏和隔板，将洁具型号自定义，位置摆放合理，管道进行连接，管道尺寸及高程按图中要求。(14分)

5. 根据"首层照明平面图"和"首层通风平面图"图纸内容标注尺寸，创建名称为"首层照明平面图"和"首层通风平面图"2张图纸，要求 A2 图框，且标注图名。(5分)

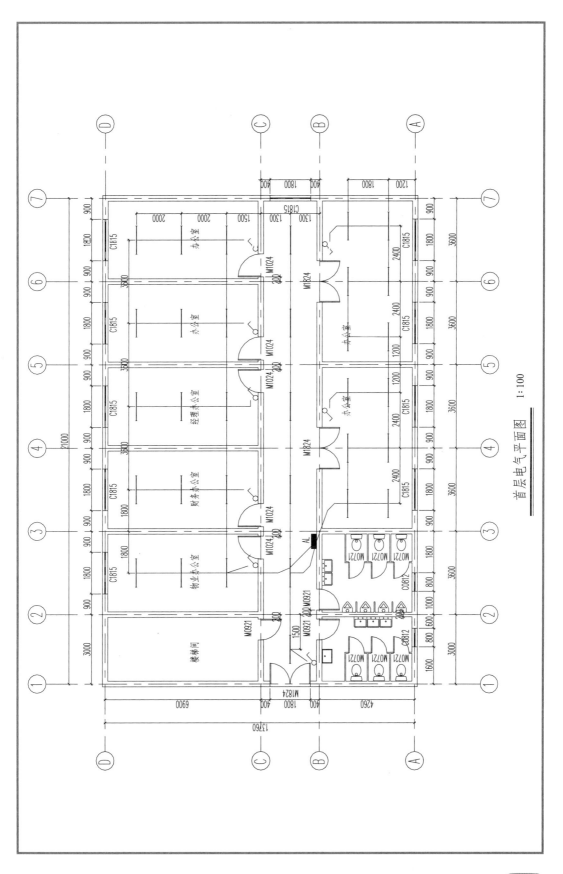

首层电气平面图 1:100

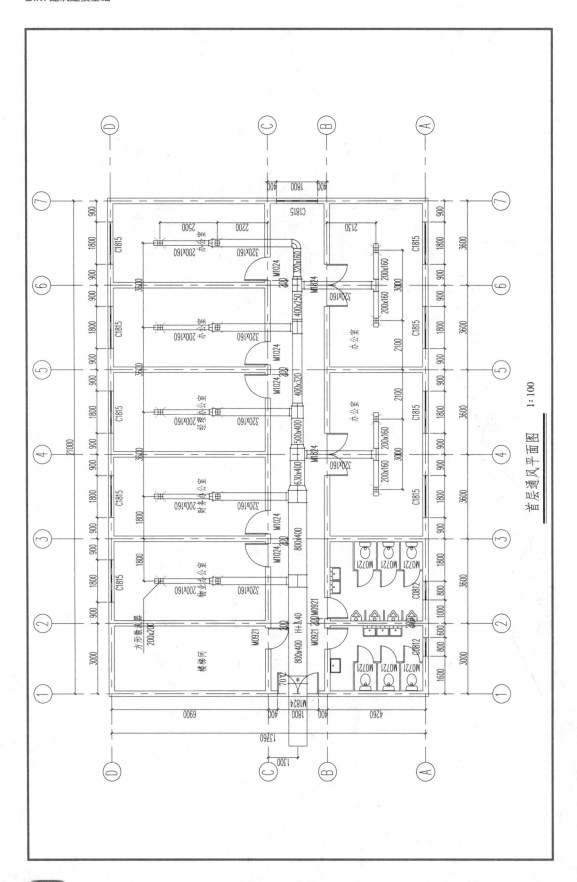

首层通风平面图

1:100

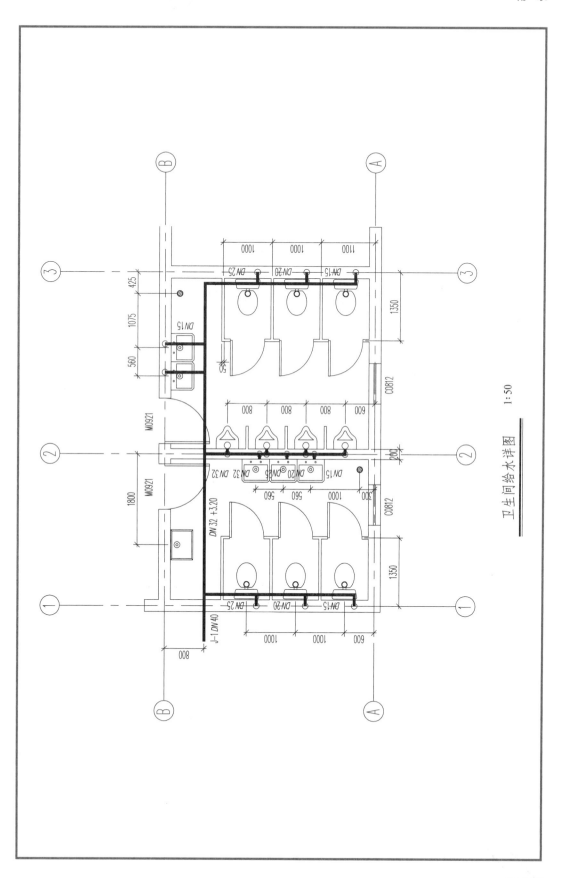

卫生间给水详图 1:50

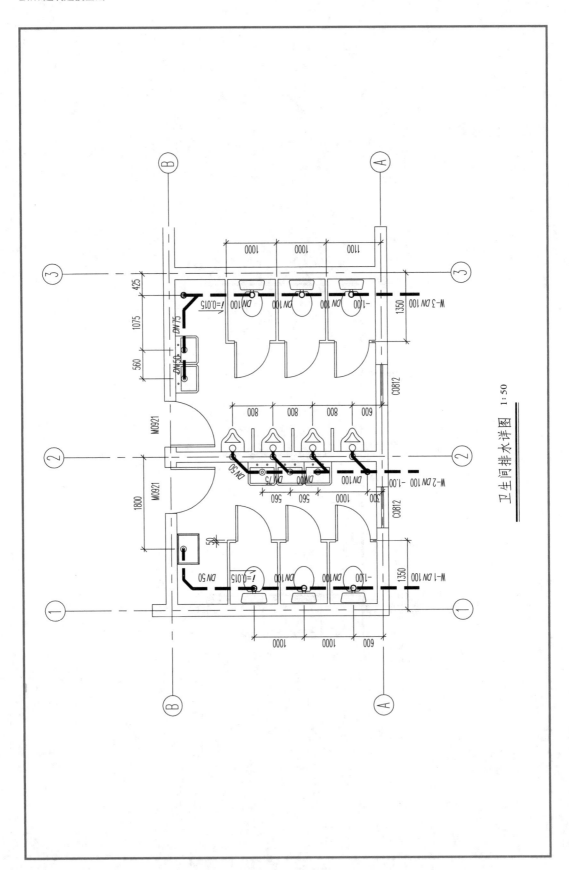

卫生间排水详图 1:50

附录 9 "1+X" 建筑信息模型（BIM）职业技能等级考试初级——实操试题 3

一、根据下图给定尺寸，创建柱结构，请将模型以文件名"柱体+考生姓名"保存至考生文件夹中。（20分）

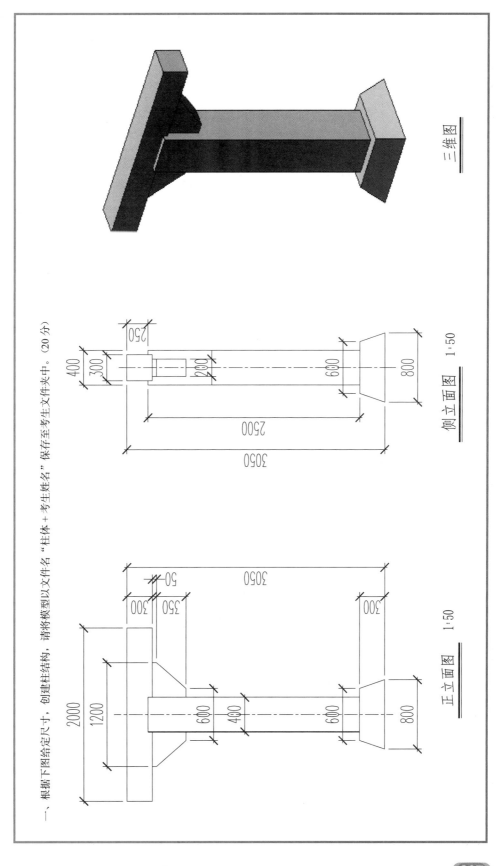

三维图

侧立面图 1:50

正立面图 1:50

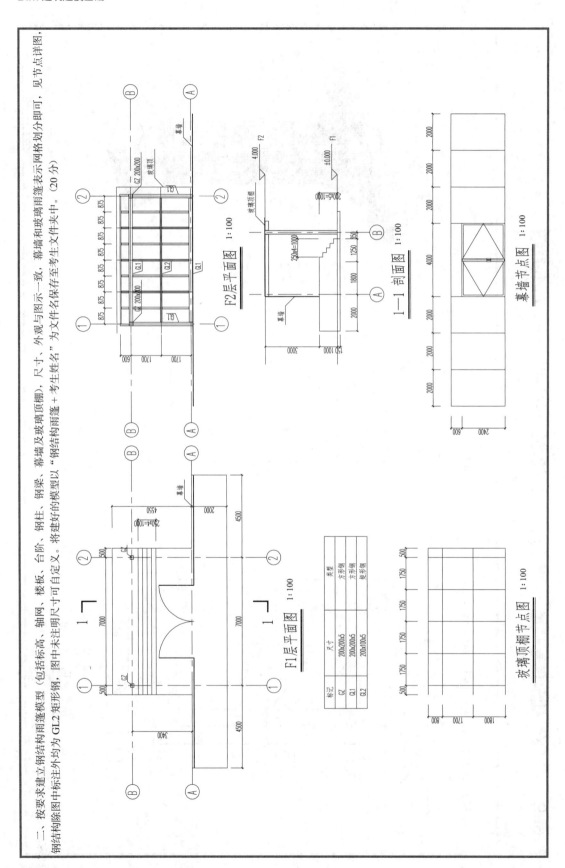

二、按要求建立钢结构雨篷模型（包括标高、轴网、楼板、台阶、钢柱、钢梁、幕墙及玻璃顶棚），尺寸、外观与图示一致，幕墙和玻璃雨篷表示网格划分即可，见节点详图，钢结构除图中标注外均为 GL2 矩形钢，图中未注明尺寸可自定义。将建好的模型以"钢结构雨篷＋考生姓名"为文件名保存至考生文件夹中。（20 分）

三、综合建模（以下两道考题，考生二选一作答）（40分）

考题一：根据以下要求和给出的图纸，创建模型并将结果输出。在考生文件夹下新建名为"第三题输出结果+考生姓名"的文件夹，将本题结果文件保存至该文件夹中。（40分）

1. BIM建模环境设置（2分）

设置以下要求环境设置。

2. BIM参数化建模（30分）

（1）根据给出的图纸创建标高、轴网，柱、墙、门、窗、楼板、屋顶、台阶模型，楼梯、栏杆扶手不作要求。门窗须按图示尺寸布置，窗台自定义，未标明尺寸不作要求。（24分）

项目信息：①项目发布日期：2019年10月19日；②项目名称：小别墅；③项目地址：中国北京市。

（2）主要建筑构件参数要求如下：（6分）

外墙240	10厚咖啡色涂料	
	20厚聚苯乙烯泡沫保温板	
	200厚混凝土砌块	
	10厚米色涂料	
内墙220	10厚米色涂料	
	200混凝土砌块	
	10厚米色涂料	
结构柱	Z1: 400×400（混凝土柱）	
	Z2: 300×300（混凝土柱）	
楼板	15厚瓷砖-茶色	
	135厚混凝土	
屋顶	150厚混凝土；一楼为平屋顶；二楼屋顶坡度都是25°	

3. 创建图纸（5分）

（1）创建门窗明细表，门明细表要求包含类型标记、宽度、高度、合计字段；窗明细表要求包含类型标记、底高度、宽度、高度、合计字段，并计算总数。（3分）

窗	C0615	600×1500
	C1815	1800×1500
	LDC4530	4500×3000
门	M0921	900×2100
	M1022	1000×2200
	M2525	2500×2500
	TLM2222	2200×2200
	TLM3822	3800×2200

（2）根据一层平面图在项目中创建1—1剖面图，将1—1剖面图插入，创建A2公制图纸，并将视图比例调整为1：75。（2分）

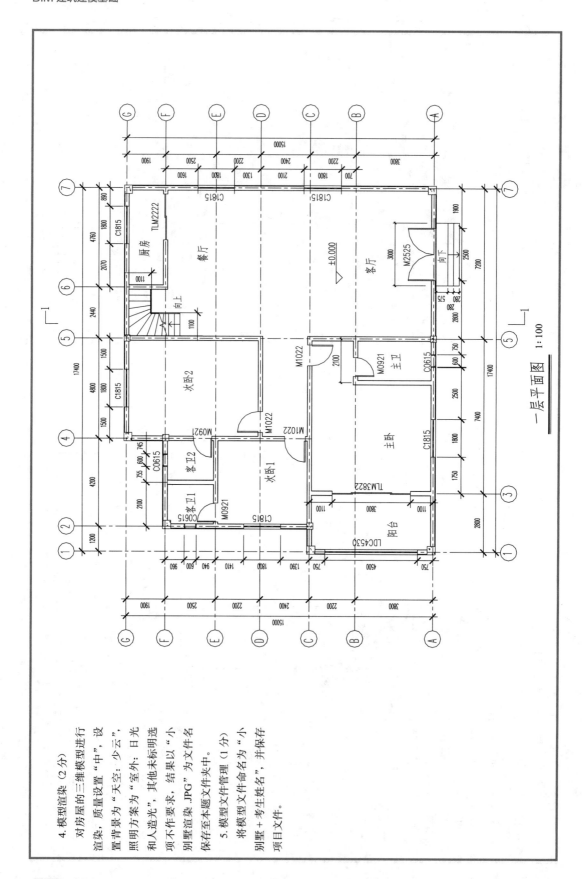

一层平面图 1:100

4. 模型渲染（2 分）

对房屋的三维模型进行渲染，质量设置"中"，设置背景方案为"天空：少云"，照明方案为"室外：日光和人造光"，其他未标明选项不作要求，结果以"小别墅渲染.JPG"为文件名保存至本题文件夹。

5. 模型文件管理（1 分）

将模型文件命名为"小别墅＋考生姓名"，并保存项目文件。

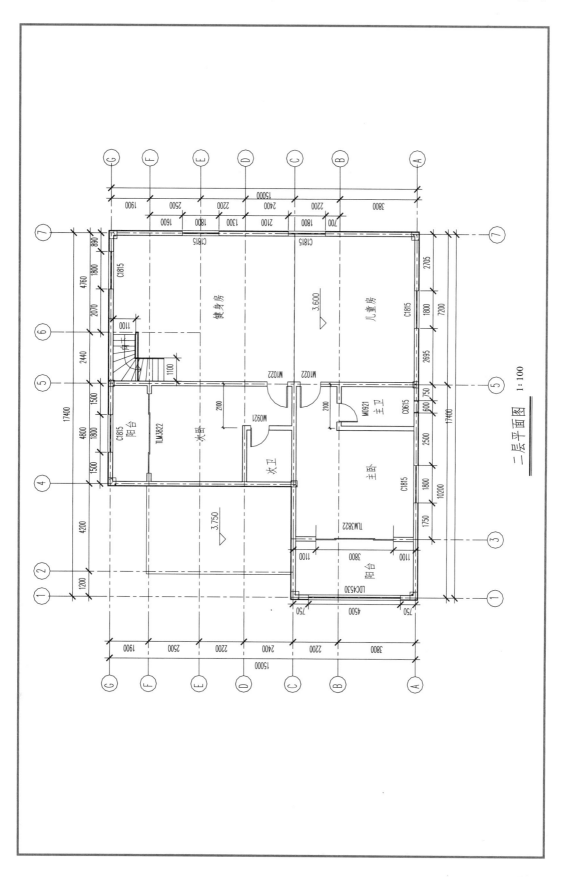

二层平面图 1:100

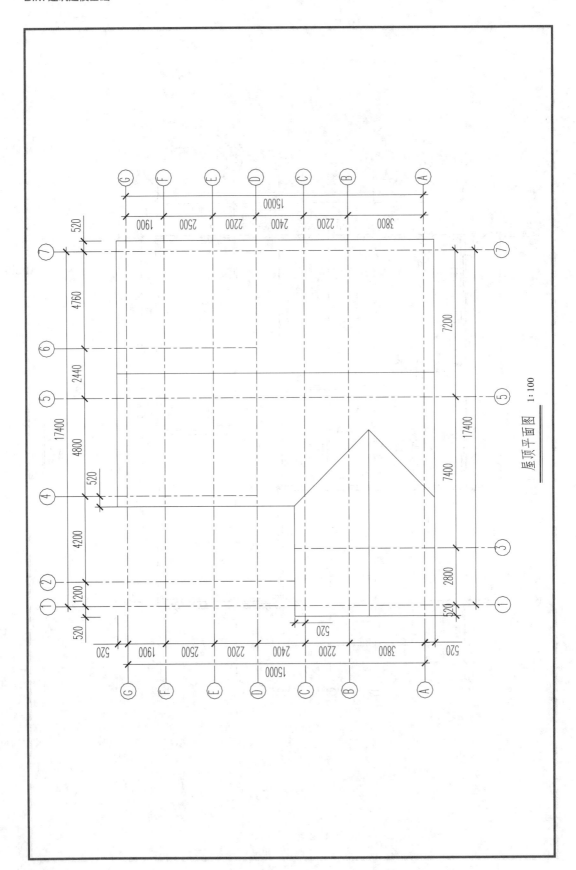

屋顶平面图 1:100

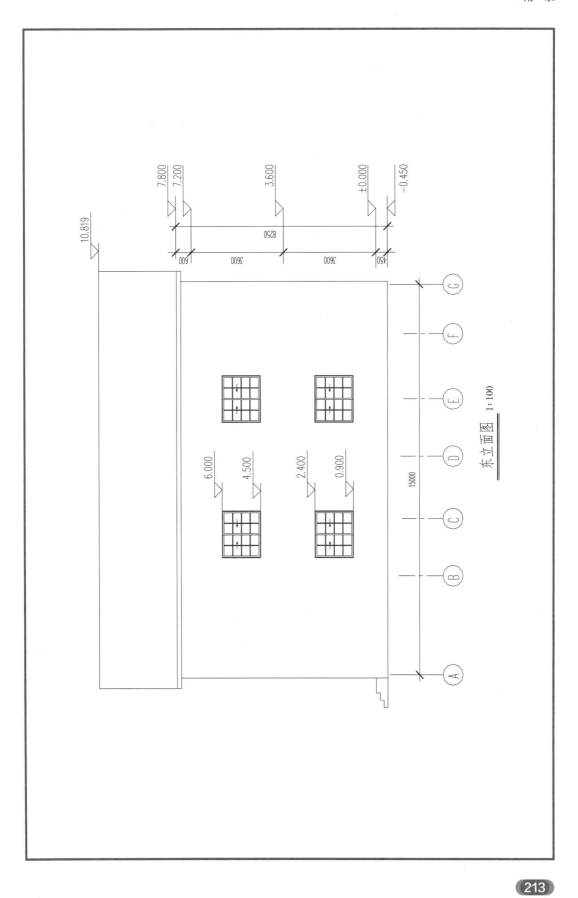

东立面图 1:100

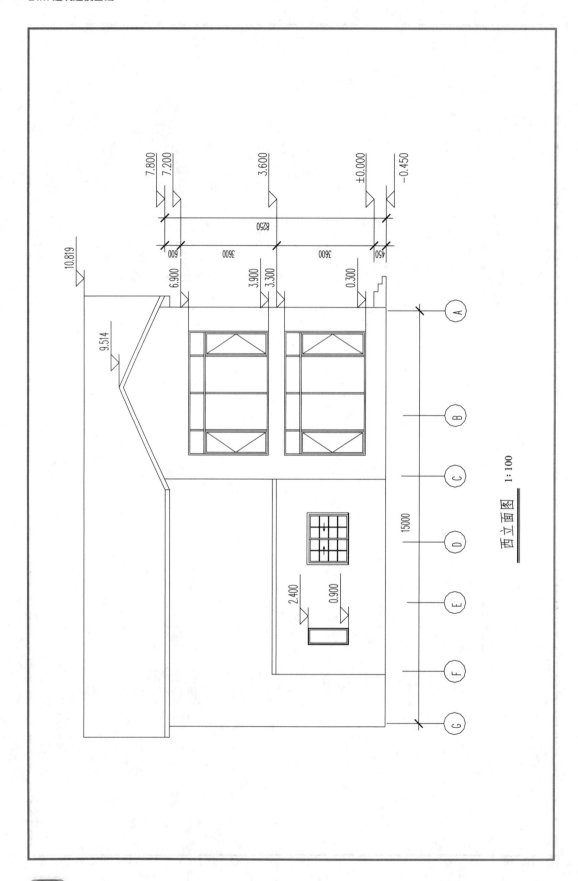

西立面图 1:100

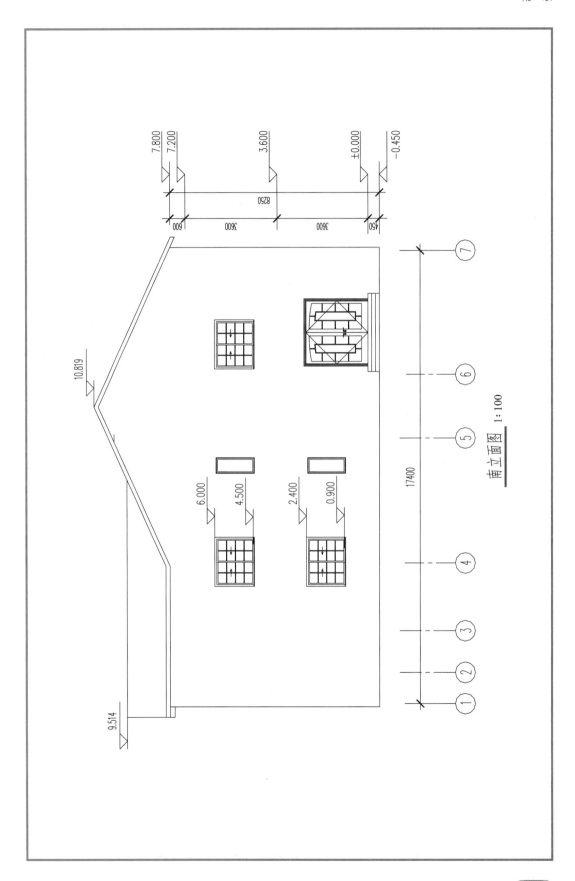

南立面图 1:100

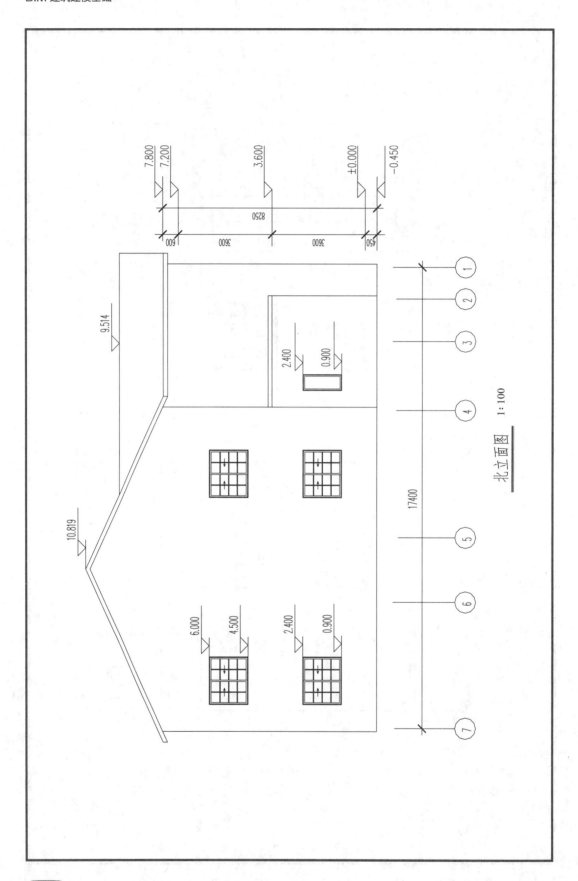

北立面图 1:100

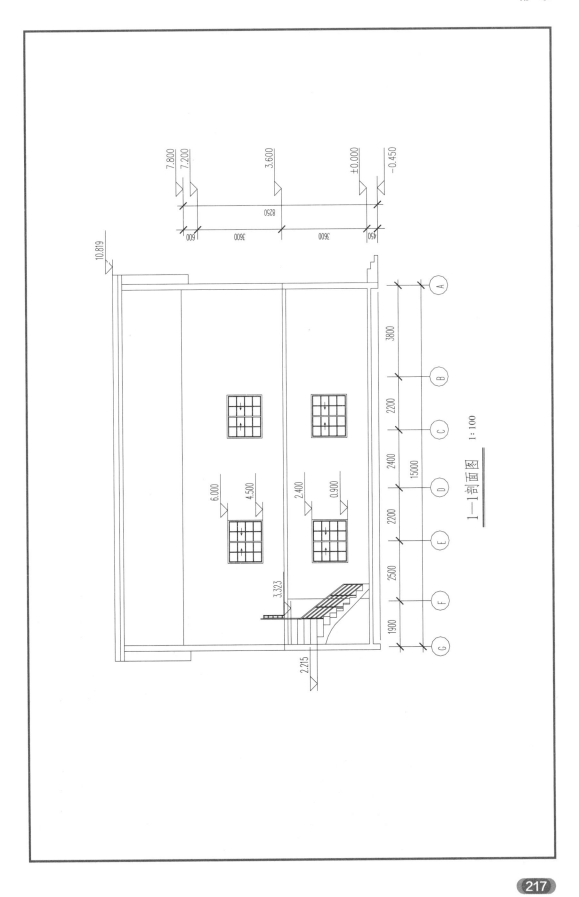

1—1剖面图 1:100

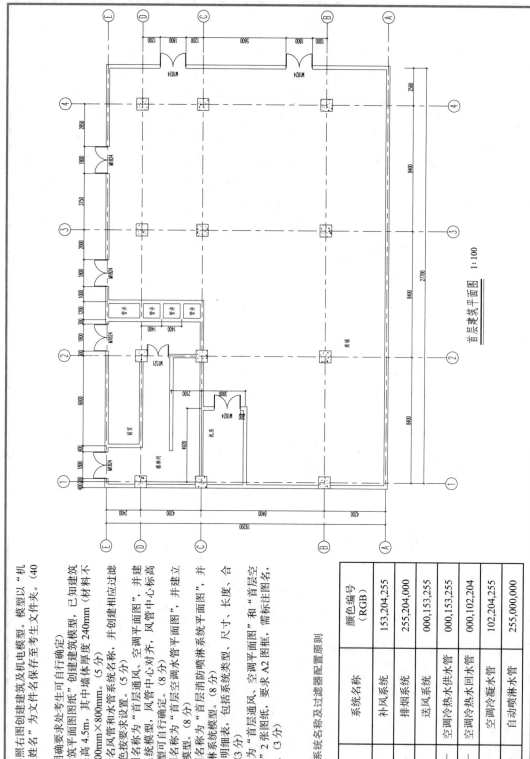

考题二：参照右图创建建筑及机电模型。模型以"机电模型＋考生姓名"为文件名至考生保存至文件夹。（40分）

要求：（未明确要求处考生可自行确定）

1. 根据"建筑平面图图纸"创建建筑模型，已知建筑位于首层，层高 4.5m，其中墙体厚度 240mm（材料不限），柱中尺寸 800mm×800mm。（5分）

2. 按要求命名风管和水管系统名称，并建相应过滤器，过滤器颜色按要求设置。（5分）

3. 创建视图名称为"首层通风、空调平面图"，并建立相应的风系统模型，风管中心对齐，风管中心标高 3.5m。风口类型可自行确定。（8分）

4. 创建视图名称为"首层空调冷热水管平面图"，并建立相应的水系统模型。（8分）

5. 创建视图名称为"首层消防喷淋系统平面图"，并建立相应的喷淋系统模型。（8分）

6. 创建风管明细表，包括系统类型、尺寸、长度、合计四项内容。（3分）

7. 创建名称为"首层通风、空调平面图"和"首层空调冷热水管平面图"2张图纸，要求 A2 图框，需标注图名，标注不作要求。（3分）

系统名称及过滤器配置原则

编号	系统名称	颜色编号（RGB）
BF-X	补风系统	153,204,255
PY-X	排烟系统	255,204,000
SF-X	送风系统	000,153,255
LRG	空调冷热水供水管	000,153,255
LRH	空调冷热水回水管	000,102,204
n	空调冷凝水管	102,204,255
ZP	自动喷淋水管	255,000,000

附 录

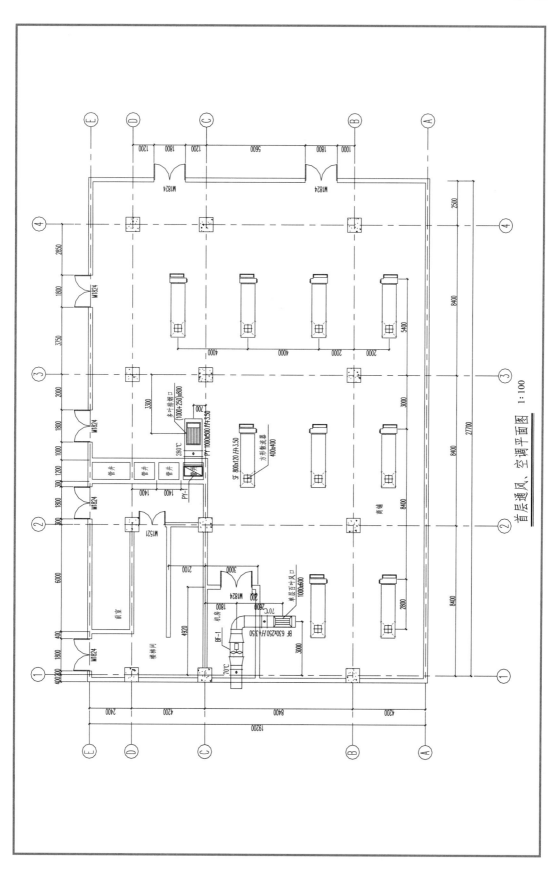

首层通风、空调平面图 1:100

219

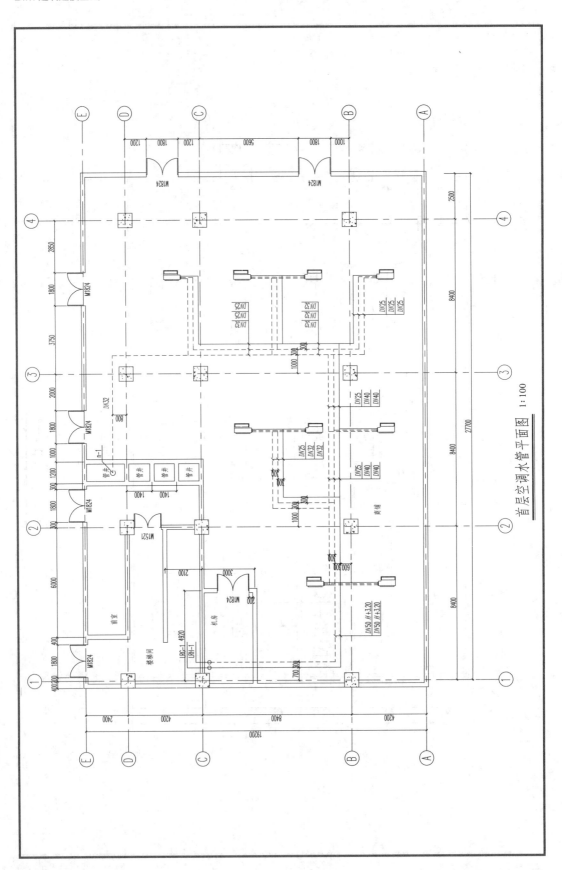

首层空调水管平面图 1:100

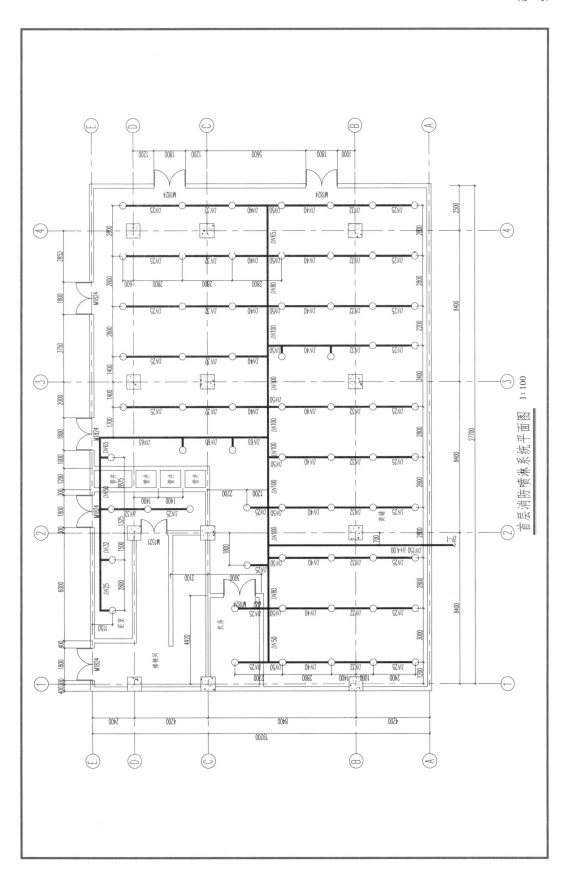

首层消防喷淋系统平面图 1:100

参考文献

刘冬梅 . 建筑 CAD[M]. 北京：化学工业出版社，2016.